化工HSE

范剑明　　柴小茹　　主　编
王　鑫　　金乌兰　　副主编
马桂香　　主　审

化学工业出版社

·北京·

《化工 HSE》的编写以培养适应现代化工生产所需的复合型人才为出发点，介绍了化工企业安全、职业卫生和环保管理三个领域基本知识，力求内容简单实用，易懂易学。本书共分三个单元七章，具体内容包括危险化学品安全生产基础知识、化工企业安全生产与管理、化工企业事故预防与应急救援、职业病危害及防护、职业卫生管理、化工"三废"污染与治理、环境管理与监测。通过本书的学习，使学生掌握安全生产与管理基本常识，提高安全意识和职业危害防范技能，树立健康、安全和环保工作意识，养成良好的职业习惯，从而为岗位实习或生产工作打下良好基础。

本书可作为大中专院校化工类专业学生课堂学习使用教材，也可作为化工企业新员工培训用书。

图书在版编目（CIP）数据

化工 HSE/范剑明，柴小茹主编. —北京：化学工业出版社，2019.9（2020.10重印）
ISBN 978-7-122-34874-6

Ⅰ.①化⋯　Ⅱ.①范⋯②柴⋯　Ⅲ.①石油化工企业-安全管理-教材　Ⅳ.①TE687.2

中国版本图书馆 CIP 数据核字（2019）第 144018 号

责任编辑：张双进　　　　　　　　　　　　装帧设计：王晓宇
责任校对：张雨彤

出版发行：化学工业出版社（北京市东城区青年湖南街 13 号　邮政编码 100011）
印　　装：北京虎彩文化传播有限公司
787mm×1092mm　1/16　印张 12½　字数 307 千字　　2020 年 10 月北京第 1 版第 2 次印刷

购书咨询：010-64518888　　　　　　　　售后服务：010-64518899
网　　址：http://www.cip.com.cn
凡购买本书，如有缺损质量问题，本社销售中心负责调换。

定　　价：36.00 元

前 言

前 言

化工行业是高风险行业，化工生产的各个环节中不安全因素较多，存在发生火灾、爆炸、中毒、环境污染等恶性事故的可能，具有事故后果严重、危险性和危害性大的特点。近年来，一些重特大安全生产事故的发生，给化工行业精细化管理提出了更高的要求。

HSE 是健康（health）、安全（safety）和环境（environment）的简称，由于对健康、安全与环境的管理在原则和效果上彼此相似，在实际过程中，三者之间又有着密不可分的联系，因此化工生产企业内部把健康、安全与环境纳入一个完整的管理体系。HSE 作为一个新型的健康、安全与环境管理体系，得到了化工企业广泛认可。

《化工 HSE》编写以培养适应现代化工生产所需的复合型人才为出发点，以全新的结构布局，层次分明地介绍了化工企业安全、职业卫生和环保管理三个领域基本知识，力求内容简单实用，易懂易学，属于行业入门类教材，满足行业初学者使用。通过内容的学习使学生掌握安全生产与管理基本常识，提高安全意识和职业危害防范技能，树立健康、安全和环保的工作意识，养成良好的职业习惯，从而为岗位实习或生产工作打下良好基础。

本书可作为化工专业大中专学生课堂学习使用教材，也可作为化工企业新员工培训用书。本书共分三个单元七章，具体包括危险化学品安全生产基础知识、化工企业安全生产与管理、化工企业事故预防与应急救援、职业病危害及防护、职业卫生管理、化工"三废"污染与治理、环境管理与监测。第一至第三章由范剑明编写；第四、第五章由王鑫、金乌兰编写；第六、第七章由柴小茹、朱晴、石艳玲编写。全书由范剑明、柴小茹校稿，并由马桂香主审。

本书的编写得到了鄂尔多斯市生态环境局、鄂尔多斯集团化工事业部、内蒙古安邦安全科技有限公司等单位技术人员的帮助和支持，在此，一并致以衷心的感谢。

由于我们知识水平有限，本书一定有很多不足和疏漏之处，衷心希望广大读者给予批评指正，以便予以修订、完善。

编者
2019 年 5 月

目 录

第一单元

化工企业安全篇

"人命关天，发展决不能以牺牲人的生命为代价。这必须作为一条不可逾越的红线！"——习近平

第一章

危险化学品安全生产基础知识

第一节　危险化学品的分类与特性

一、危险化学品的分类

危险化学品的分类是危险化学品安全管理的基础，也是开展危险化学品固有危险性评估和专项安全评价不可缺少的内容之一。

危险化学品是指具有毒害、腐蚀、爆炸、燃烧、助燃等性质，对人体、设施、环境具有危害的剧毒化学品和其他化学品。

判断一种化学品是否属于危险化学品，可查阅国家现行《危险化学品目录（2015 年版）》，具体分类可查阅《危险化学品分类信息表》。

《化学品分类和危险性公示 通则》（GB 13690—2009）按理化危险将化学品分为 16 类：爆炸物，易燃气体，易燃气溶胶，氧化性气体，压力下气体，易燃液体，易燃固体，自反应物质或混合物，自燃液体，自燃固体，自热物质和混合物，遇水放出易燃气体的物质或混合物，氧化性液体，氧化性固体，有机过氧化物，金属腐蚀剂；依据化学品的健康危险，将化学品的危险性分为 10 个种类，分别为：急性毒性，皮肤腐蚀/刺激，严重眼损伤/眼刺激，呼吸或皮肤过敏，生殖细胞致突变性，致癌性，生殖毒性，特异性靶器官系统毒性——一次接触，特异性靶器官系统毒性——反复接触，吸入危险；依据化学品的环境危险，化学品的危险性列为一个种类：对水环境的危害。

二、危险化学品的危险特性

1. 爆炸物

爆炸物质（或混合物）是这样一种固态或液态物质或物质的混合物，其本身能够通过化学反应产生气体，而产生气体的温度、压力和速度能对周围环境造成破坏。其中也包括发火物质，即使它们不放出气体。

危险性说明：爆炸时产生的地震波、冲击波、爆炸碎片，波及范围广，同时爆炸产生的高温容易引起火灾。

警示词❶：危险。

常见物质：硝化甘油、三硝基甲苯（TNT）。

知识拓展

TNT 当量：用释放相同能量的 TNT 炸药的质量表示核爆炸释放能量的一种习惯计量。例如，天津港"8.12"爆炸事故第一次爆炸能量相当于 15tTNT 炸药爆炸释放能量，第二次爆炸能量相当于 430tTNT 炸药爆炸释放能量。

2. 易燃气体

易燃气体指在 20℃和 101.3kPa 标准压力下，与空气有易燃范围的气体。

危险性说明：容易引发闪燃和爆炸。

警示词：危险、警告。

常见物质：氨气、一氧化碳、甲烷、氢气、乙炔等。

知识拓展

闪爆：就是当易燃气体在一个空气不流通的空间里，聚集到一定浓度后，一旦遇到明火或电火花就会立刻燃烧膨胀发生爆炸。闪爆是瞬间完成的，使人们措手不及，对现场人员及救援人员能够产生极大的危害。

例如，2015 年，内蒙古自治区鄂尔多斯市某化工企业发生一起氢气泄漏爆炸事故，造成正在附近施工的 3 名工人死亡，6 人受伤，事故原因为该企业净化车间换热器发生氢气泄漏造成闪爆。

3. 易燃气溶胶

易燃气溶胶指气溶胶喷雾罐，系任何不可重新罐装的容器，该容器由金属、玻璃或塑料制成，内装强制压缩、液化或溶解的气体，包含或不包含液体、膏剂或粉末，配有释放装置，可使所装物质喷射出来，形成在气体中悬浮的固态或液态微粒或形成泡沫、膏剂或粉末或处于液态或气态。

危险性说明：在阳光和其他高温环境或阴暗潮湿环境作用下容易引发爆炸。

警示词：危险、警告。

常见物质：空气清新剂，杀虫剂。

4. 氧化性气体

氧化性气体指一般通过提供氧气，比空气更能导致或促使其他物质燃烧的任何气体。

含氧量（体积分数）高达 23.5%的人造空气视为非氧化性气体。

危险性说明：可引起或加剧燃烧。

警示词：危险。

常见物质：二氧化氮、一氧化氮、氟。

知识拓展

二氧化氮（NO_2）是一种棕红色、高度活性的气态物质，又称过氧化氮。二氧化氮在臭氧的形成过程中起着重要作用。人为产生的二氧化氮主要来自高温燃烧过程的释放，比如机动车尾气、锅炉废气的排放等。

---

❶ 警示词：根据化学品的危险程度和类别，用"危险"、"警告"、"注意"三个词分别进行危险程度的警示。当某种化学品具有两种及两种以上的危险性时，用危险性最大的警示词。

5. 压力下气体

压力下气体是指高压气体在压力等于或大于 200kPa（表压）下装入储器的气体，或是液化气体或冷冻液化气体。

压力下气体包括压缩气体、液化气体、溶解气体、冷冻液化气体。

危险性说明：受热可爆炸或引起冻伤。

警示词：警告。

常见物质：瓶装压缩天然气、瓶装液化天然气、瓶装乙炔。

6. 易燃液体

易燃液体是指闪点不高于 93℃的液体。

危险性说明：容易引发燃烧和爆炸。

警示词：危险、警告。

常见物质：汽油、乙醇、甲醇、苯。

◆ 知识拓展

闪燃：易燃、可燃液体（包括具有升华性质的可燃固体）表面挥发的蒸气浓度随其温度上升而增大，这些蒸气与空气形成混合气体，当蒸气达到一定浓度时，如与火源接触，就会产生一闪即灭的瞬间燃烧。

闪点：指可燃性液体挥发出的蒸气在与空气混合形成可燃性混合物并达到一定浓度之后，遇到火源后能够闪烁起火的最低温度。

闪点是可燃液体火灾危险性等级判断的重要依据。

7. 易燃固体

易燃固体是容易燃烧或通过摩擦可能引燃或助燃的固体。

危险性说明：容易引发燃烧和爆炸事故，尤其易于燃烧的固体为粉状、颗粒状或糊状物质，它们在与燃烧着的火柴等火源短暂接触即可点燃和火焰迅速蔓延的情况下，都非常危险。

警示词：危险、警告。

常见物质：硝化棉、硫黄。

8. 自反应物质或混合物

自反应物质或混合物指即使没有氧（空气）也容易发生激烈放热分解的热不稳定液态或固态物质或混合物。但不包括根据统一分类制度分类为爆炸物、有机过氧化物或氧化物质的物质或混合物。

自反应物质或混合物如果在实验室试验中其组分容易起爆、迅速爆燃或在封闭条件下加热时显示剧烈效应，应视为具有爆炸性质。

危险性说明：加热可引起燃烧和爆炸。

警示词：危险、警告。

常见物质：苯磺酰肼。

9. 自燃液体

自燃液体是即使数量小也能在与空气接触后 5min 之内引燃的液体。

危险性说明：暴露于空气中容易自燃。

警示词：危险。

常见物质：二乙基锌。

10. 自燃固体

自燃固体是即使数量小也能在与空气接触后 5min 之内引燃的固体。

危险性说明：暴露于空气中容易自燃。

警示词：危险。

常见物质：白磷、三氯化钛。

11. 自热物质或混合物

自热物质是发火液体或固体以外，与空气反应不需要能源供应就能够自己发热的固体或液体物质或混合物；这类物质或混合物与发火液体或固体不同，因为这类物质只有数量很大（公斤级）并经过长时间（几小时或几天）才会燃烧。

危险性说明：自热，可着火。

警示词：危险、警告。

常见物质：锌粉、钙粉、乙醇钾。

12. 遇水放出易燃气体的物质或混合物

遇水放出易燃气体的物质或混合物是通过与水作用，容易具有自燃性或放出危险数量的易燃气体的固态或液态物质或混合物。

危险性说明：遇水释放可燃气体容易发生燃烧。

警示词：危险、警告。

常见物质：钾、钠、电石。

13. 氧化性液体

氧化性液体是本身未必燃烧，但通常因放出氧气可能引起或促使其他物质燃烧的液体。

危险性说明：可引起燃烧或爆炸。

警示词：危险、警告。

常见物质：高氯酸、硝酸。

14. 氧化性固体

氧化性固体是本身未必燃烧，但通常因放出氧气可能引起或促使其他物质燃烧的固体。

危险性说明：可引起燃烧或爆炸。

警示词：危险、警告。

常见物质：重铬酸钾、硝酸铵。

15. 有机过氧化物

有机过氧化物是含有二价—O—O—结构的液态或固态有机物质，可以看作是一个或两个氢原子被有机基替代的过氧化氢衍生物。

如果有机过氧化物在实验室试验中，在封闭条件下加热时组分容易爆炸、迅速爆燃或表现出剧烈效应，则可认为它具有爆炸性质。

危险性说明：加热可引起燃烧和爆炸。

警示词：危险、警告。

常见物质：过氧化氢苯甲酰。

16. 金属腐蚀剂

腐蚀金属的物质或混合物是通过化学作用显著损坏或毁坏金属的物质或混合物。

危险性说明：容易腐蚀金属，易引起储存物质泄露。

警示词：警告。

常见物质：盐酸、氢氟酸、氢氧化钠等。

第二节　危险化学品安全标签与安全技术说明书

一、危险化学品安全标志

根据常用危险化学品的危险特性和类别，我国危险化学品的安全标志设主标志 16 种和副标志 11 种。

主标志的图形由危险特性的图案、文字说明、底色和危险品类别号四个部分组成，副标志图形中没有危险品类别号。

当一种危险化学品具有一种以上的危险性时，用主标志表示主要的危险性类别，并用副标志来表示其他主要的危险类别，具体内容见附录二。

二、危险化学品安全标签

1. 用途

安全标签由生产企业在货物出厂前粘贴、挂拴或喷印在包装或容器的明显位置，用于向作业人员传递安全信息。它用简单、明了、易于理解的文字、图形表述有关化学品的危险特性及其安全处置的注意事项。

2. 基本内容

化学品标识；信号词；图形符号；象形图；危险性说明；警示词；防范说明；物理危险；健康危害；环境危害；安全措施；供应商标识；应急咨询电话；资料参考提示语。

危险化学品安全标签样图如下。

hydrogen sulfide 硫化氢 H_2S 危　险 易燃易爆、有毒有害 安全措施： ● 远离热源、火种，贮于阴凉通风处； ● 禁止使用易产生火花的工具； ● 应与氧气、压缩空气、氧化剂分储； ● 吸入，给输氧或作人工呼吸。 灭火措施： 迅速切断气源，然后根据情况灭火。 请向生产销售企业索取安全技术说明书。	易燃气体 2 有毒气体 2	
四川 ×××× 公司生产	UN No:1053	CN No:21006
地址：×××　邮编：×××　电话：0830-××××	应急咨询电话：0830-××××	

三、化学品安全技术说明书

化学品安全技术说明书（Material Safety Data Sheet，MSDS），是一份关于化学品燃、爆、毒性和生态危害及安全使用、泄漏应急处置、主要理化参数、法律法规等方面的综合性文件。包括16部分内容：化学品标识；成分/组成信息；危险性概述；急救措施；消防措施；泄漏应急处理；操作处置与储存；接触控制/个体防护；理化特性；稳定性和反应性；毒理学信息；生态学信息；废弃处理；运输信息；法规信息；其他信息。

化学品安全技术说明书样表如下。

硫化氢安全技术说明书

第一部分 化学品标识			
化学品中文名称	硫化氢	化学品俗名	
化学品英文名称	hydrogen sulfide	英文名称	
技术说明书编码	54	CAS No.	7783-06-4
生产企业名称			
地址			
生产日期			

第二部分 成分/组成信息		
有害物成分	含量	CAS No.
硫化氢		7783-06-4

第三部分 危险性概述	
危险性类别	
侵入途径	
健康危害	本品是强烈的神经毒物,对黏膜有强烈刺激作用。急性中毒:短期内吸入高浓度硫化氢后出现流泪、眼痛、眼内异物感、畏光、视物模糊、流涕、咽喉部灼热感、咳嗽、胸闷、头痛、头晕、乏力、意识模糊等。部分患者可有心肌损害。重者可出现脑水肿、肺水肿。极高浓度($1000mg/m^3$ 以上)时可在数秒钟内突然昏迷,呼吸和心跳骤停,发生闪电型死亡。高浓度接触眼结膜发生水肿和角膜溃疡。长期低浓度接触,引起神经衰弱综合征和植物神经功能紊乱
环境危害	对环境有危害,对水体和大气可造成污染
燃爆危险	本品易燃,具强刺激性

第四部分 急救措施	
皮肤接触	
眼睛接触	立即提起眼睑,用大量流动清水或生理盐水彻底冲洗至少15分钟。就医
吸入	迅速脱离现场至空气新鲜处。保持呼吸道通畅。如呼吸困难,给输氧。如呼吸停止,立即进行人工呼吸。就医
食入	

第五部分 消防措施	
危险特性	易燃,与空气混合能形成爆炸性混合物,遇明火、高热能引起燃烧爆炸。与浓硝酸、发烟硝酸或其他强氧化剂剧烈反应,发生爆炸。气体比空气重,能在较低处扩散到相当远的地方,遇火源会着火回燃

续表

第五部分　消防措施	
有害燃烧产物	氧化硫
灭火方法	消防人员必须穿全身防火防毒服,在上风向灭火。切断气源。若不能切断气源,则不允许熄灭泄漏处的火焰。喷水冷却容器,可能的话将容器从火场移至空旷处。灭火剂:雾状水、抗溶性泡沫、干粉

第六部分　泄漏应急处理	
应急处理	迅速撤离泄漏污染区人员至上风处,并立即进行隔离,小泄漏时隔离150m,大泄漏时隔离300m,严格限制出入。切断火源。建议应急处理人员戴自给正压式呼吸器,穿防静电工作服。从上风处进入现场。尽可能切断泄漏源。合理通风,加速扩散。喷雾状水稀释、溶解。构筑围堤或挖坑收容产生的大量废水。如有可能,将残余气或漏出气用排风机送至水洗塔或与塔相连的通风橱内。或使其通过氯化铁水溶液,管路装止回装置以防溶液吸回。漏气容器要妥善处理,修复、检验后再用

第七部分　操作处置与储存	
操作注意事项	严加密闭,提供充分的局部排风和全面通风。操作人员必须经过专门培训,严格遵守操作规程。建议操作人员佩戴过滤式防毒面具(半面罩),戴化学安全防护眼镜,穿防静电工作服,戴防化学品手套。远离火种、热源,工作场所严禁吸烟。使用防爆型的通风系统和设备。防止气体泄漏到工作场所空气中。避免与氧化剂、碱类接触。在传送过程中,钢瓶和容器必须接地和跨接,防止产生静电。搬运时轻装轻卸,防止钢瓶及附件破损。配备相应品种和数量的消防器材及泄漏应急处理设备
储存注意事项	储存于阴凉、通风的库房。远离火种、热源。库温不宜超过30℃。保持容器密封。应与氧化剂、碱类分开存放,切忌混储。采用防爆型照明、通风设施。禁止使用易产生火花的机械设备和工具。储区应备有泄漏应急处理设备

第八部分　接触控制/个体防护		
中国 MAC/(mg/m³)	10	
美国(ACGIH)		
TL-TWA	1ppm(1ppm=1mg/L)	
TLV-STEL	5ppm	
监测方法	硝酸银比色法	
工程控制	严加密闭,提供充分的局部排风和全面通风。提供安全淋浴和洗眼设备	
呼吸系统防护	空气中浓度超标时,佩戴过滤式防毒面具(半面罩)。紧急事态抢救或撤离时,建议佩戴氧气呼吸器或空气呼吸器	
眼睛防护	戴化学安全防护眼镜	
身体防护	穿防静电工作服	
手防护	戴防化学品手套	
其他防护	工作现场禁止吸烟、进食和饮水。工作完毕,淋浴更衣。及时换洗工作服。作业人员应学会自救互救。进入罐、限制性空间或其他高浓度区作业,须有人监护	

第九部分　理化特性			
外观与性状	无色、有恶臭味的气体		
pH	4.5(1%水溶液)		
熔点/℃	−85.5	相对密度(水=1)	无资料
沸点/℃	−60.4	相对蒸气密度(空气=1)	1.19
分子式	H_2S	分子量	34.08

续表

第九部分　理化特性			
主要成分	纯品		
饱和蒸气压/kPa	2026.5(25.5℃)	燃烧热/(kJ/mol)	无资料
临界温度/℃	100.4	临界压力/MPa	9.01
辛醇/水分配系数的对数值	无资料		
闪点/℃	−106	爆炸上限(体积分数)/%	46.0
自燃温度/℃	260	爆炸下限(体积分数)/%	4.3
溶解性	溶于水、乙醇、二硫化碳、甘油、汽油、煤油等		
主要用途	用于化学分析如鉴定金属离子		

第十部分　稳定性和反应性	
稳定性	稳定
禁配物	强氧化剂、碱类
避免接触的条件	
聚合危害	
分解产物	

第十一部分　毒理学信息	
急性毒性	LD$_{50}$:125mg/kg(大鼠经口),100mg/kg(小鼠腹腔) LC$_{50}$:618　mg/m³(大鼠吸入)
皮肤刺激或腐蚀	无资料
眼睛刺激或腐蚀	兔经眼:14%,引起刺激
呼吸或皮肤过敏	无资料
生殖细胞突变性	
致癌性	
生殖性	
特异性靶器官系统毒性-一次接触	
特异性靶器官系统毒性-反复接触	
吸入危害	

第十二部分　生态学信息	
生态毒性	
持久性和降解性	
潜在的生物累积性	
其他有害作用	该物质对环境有危害,应注意对空气和水体的污染

第十三部分　废弃处置	
废弃化学品	用焚烧法处置。焚烧炉排出的硫氧化物通过洗涤器除去
污染包装物	
废弃注意事项	

第十四部分　运输信息	
联合国危险货物编号(UN号)	1053
联合国运输名称	硫化氢
联合国危险性类别	

续表

第十四部分　运输信息	
包装标志	
运输	
海洋污染物	否
运输注意事项	采用钢瓶运输时必须戴好钢瓶上的安全帽。钢瓶一般平放,并应将瓶口朝同一方向,不可交叉;高度不得超过车辆的防护栏板,并用三角木垫卡牢,防止滚动。运输时运输车辆应配备相应品种和数量的消防器材。装运该物品的车辆排气管必须配备阻火装置,禁止使用易产生火花的机械设备和工具装卸。严禁与氧化剂、碱类、食用化学品等混装混运。夏季应早晚运输,防止日光曝晒。中途停留时应远离火种、热源。公路运输时要按规定路线行驶,禁止在居民区和人口稠密区停留。铁路运输时要禁止溜放
第十五部分　法规信息	
法规信息	下列法律、法规、规章和标准,对该化学品的管理作了相应的规定。 **中华人民共和国职业病防治法**　职业病分类和目录:硫化氢中毒 **危险化学品安全管理条例**　危险化学品目录:列入。易制爆危险化学品名录:未列入。重点监管的危险化学品名录:列入。GB 18218—2009《危险化学品重大危险源辨识》(表1):列入。类别:毒性气体,临界量(t):5 **使用有毒物品作业场所劳动保护条例**　高毒物品目录:列入 **易制毒化学品管理条例**　易制毒化学品的分类和品种目录:未列入 **国际公约**　斯德哥尔摩公约:未列入。鹿特丹公约:未列入。蒙特利尔议定书:未列入
第十六部分　其他信息	
编写和修订信息	
缩略语和首字母缩写	
培训建议	
参考文献	
免责声明	

第三节　危险化学品储运

　　化工企业危险化学品库（罐区）存储化学品数量大、种类多,大多易燃易爆、有毒有害,一旦发生事故,极易给人民生命财产安全等造成严重危害或威胁。

一、储存危险化学品的基本要求❶

　　① 危险化学品必须储存在经负责危险化学品安全监督管理工作的部门审查批准的危险化学品仓库中。未经批准不得随意设置危险化学品储存仓库。储存危险化学品必须遵照国家法律、法规和其他有关的规定。

　　② 危险化学品必须储存在专用仓库、专用场地或者专用储存室内,储存方式、方法与储存数量必须符合国家标准,并由专人管理。

　　③ 剧毒化学品以及储存数量构成重大危险源的其他危险化学品必须在专用仓库内单独存放,实行双人

---

❶　参见《危险化学品安全管理条例》(国务院令第 645 号)中有关危险化学品储存具体要求条款。

收发、双人保管制度。储存单位应当将储存剧毒化学品以及构成重大危险源的其他危险化学品的数量、地点以及管理人员的情况，报当地公安部门和负责危险化学品安全监督管理工作的部门备案。

④ 危险化学品专用仓库，应当符合国家标准对安全、消防的要求，设置明显标志。危险化学品专用仓库的储存设备和安全设施应当定期检测。

⑤ 储存危险化学品的仓库必须配备有专业知识的技术人员，其仓库及场所应设专人管理，管理人员必须配备可靠的个人安全防护用品。

⑥ 危险化学品露天堆放，应符合防火、防爆的安全要求，爆炸物品、一级易燃物品、遇湿燃烧物品、剧毒物品不得露天堆放。

⑦ 根据危险化学品品种特性，实施隔离储存、隔开储存、分离储存。

⑧ 各类危险品不得与禁忌物料混合储存，灭火方法不同的危险化学品不能同库储存。

⑨ 储存危险化学品的建筑物、区域内严禁吸烟和使用明火。

⑩ 危险化学品单位应当制定本单位事故应急救援预案，配备应急救援人员和必要的应急救援器材、设备，并定期组织演练。

二、危险化学品仓库的火灾危险性

1. 着火源控制不严

在危险化学品的储存过程中着火源控制主要包括两个方面。

一是外来火种。如烟囱飞火、汽车排气管的火星、库房周围的明火作业、吸烟的烟头等。

二是内部设备不良，操作不当引起的电火花、撞击火花和太阳能、化学能等。如电器设备、装卸机具不防爆或防爆等级不够，装卸作业使用铁质工具碰击打火，露天存放时太阳的曝晒，易燃液体操作不当产生静电放电等。

2. 性质相互抵触的物品混存

出现危险化学品的禁忌物料混存，往往是由于经办人员缺乏知识或者是有些危险化学品出厂时缺少鉴定；也有的企业因储存场地缺少而任意临时混存，造成性质抵触的危险化学品因包装容器渗漏等原因发生化学反应而起火。

3. 产品变质

有些危险化学品已经长期不用，仍废置在仓库中，又不及时处理，往往因变质而引起事故。

4. 养护管理不善

仓库建筑条件差，不适应所存物品的要求，如不采取隔热措施，使物品受热；因保管不善，仓库漏雨进水使物品受潮；盛装的容器破漏，使物品接触空气或易燃物品蒸气扩散和积聚等均会引起着火或爆炸。

5. 违反操作规程

搬运危险化学品没有轻装轻卸；或者堆垛过高不稳，发生倒塌；或在库内改装打包，封焊修理等违反安全操作规程造成事故。

6. 建筑物不符合存放要求

危险品库房的建筑设施不符合要求，造成库内温度过高，通风不良，湿度过大，漏雨进水，阳光直射，有的缺少保温设施，使物品达不到安全储存的要求而发生火灾。

7. 雷击

危险品仓库一般都设在城镇郊外空旷地带的独立的建筑物或是露天的储罐或是堆垛区，十分容易遭雷击。

8. 着火扑救不当

因不熟悉危险化学品的性能和灭火方法，着火时使用不当的灭火器材使火灾扩大，造成更大的危险。

【案例一】　天津港"8·12"瑞海公司危险品仓库特别重大火灾爆炸事故

1. 事故概况

2015年8月12日，位于天津市滨海新区天津港的瑞海国际物流有限公司危险品仓库发生火灾爆炸事故，造成165人遇难、8人失踪，798人受伤。

事故直接原因是瑞海公司危险品仓库运抵区南侧集装箱内硝化棉由于湿润剂散失出现局部干燥，在高温（天气）等因素的作用下加速分解放热，积热自燃；引起相邻集装箱内的硝化棉和其他危险化学品长时间大面积燃烧，导致堆放于运抵区的硝酸铵等危险化学品发生爆炸。

2. 事故暴露安全问题

瑞海公司严重违法违规经营，是造成事故发生的主体责任单位。该公司严重违反天津市城市总体规划和滨海新区控制性详细规划，无视安全生产主体责任，非法建设危险货物堆场，在现代物流和普通仓储区域违法违规从2012年11月至2015年6月多次变更资质经营和储存危险货物，安全管理极其混乱，致使大量安全隐患长期存在。

事故详细分析见国务院《天津港"8·12"瑞海公司危险品仓库特别重大火灾爆炸事故调查报告》。

【案例二】　云天化国际化工股份有限公司三环分公司"1.13"硫黄仓库爆炸事故

1. 事故经过

2008年1月13日2时45分，该公司储存硫黄的仓库内，昆明市东站工商服务公司（铁路运输装卸承包单位）的53名工人开始从事火车硫黄卸车作业，作业过程是从火车卸下并拆开硫黄包装袋，将硫黄分别倒入平行于铁路、与地面平齐的34个料斗中，硫黄通过料斗落在地坑中输送机皮带上，用输送机传送皮带将硫黄送入硫黄库。3时40分，作业过程中地坑硫黄粉尘突然发生爆炸，爆炸冲击波将料斗、硫黄库的轻型屋顶、皮带输送机、斗式提升机等设施毁坏，造成7人死亡、7人重伤、25人轻伤。

2. 事故原因分析

事故发生的原因：一是天气干燥，空气湿度低，装卸过程中容易产生易燃爆的硫黄粉尘；二是深夜静风时段，空气流动性差，造成局部空间内（皮带运输机地坑）硫黄粉尘富集，浓度达到爆炸极限范围，在现场产生的点火能量作用下，皮带运输机地坑内的硫黄粉尘引发爆炸。

3. 事故教训

从这起爆炸事故中应该吸取以下教训。

① 危险化学品行业的每一个环节（包括原材料和产品的储存、安全运输等）都必须坚持科学的态度。粉尘颗粒的表面能量高，在局部区域浓度达到一定范围时，对可燃性粉尘（如淀粉、硫黄等），在点火能量作用下容易发生爆炸。云天化三环分公司工人在从事火车硫

黄卸车作业时，针对硫黄粉尘没有采取相应的技术措施，导致了事故发生。

② 要加强作业人员的安全教育培训，提高从业人员的安全意识。此次事故发生前夕，搬运工人虽然知道现场硫黄粉尘浓度过高，但并没有意识到干燥空气中的硫黄粉尘更容易发生燃爆，部分工人还不得不临时找来口罩以防护粉尘、继续工作，直至事故发生。承包装卸业务单位的工人流动性大，进行系统的安全教育有难度，工人安全意识较低，也是导致事故发生的一个重要因素。

③ 要加强危险化学品安全管理，落实具体的安全责任。当时硫黄仓库区共有53名工人在集中作业，在当晚天气干燥、空气湿度低，空气流动性差的环境下，已明显造成局部空间内硫黄粉尘富集时，并未及时采取措施加强通风或暂停作业，埋下了事故隐患。

④ 要重视季节变化对化工行业安全生产造成的影响。化工企业的安全生产受空气温度、湿度和空气的流动性等因素影响较大，即使在相同地区的不同季节的温度、湿度和空气流动情况变化也不同，化工生产企业应充分考虑当地在不同季节气候的变化给企业自身安全生产带来的影响，并采取相应的措施。云天化三环分公司硫黄仓库的爆炸，就是因为当时的作业场所空气干燥且流动性低，给硫黄粉尘的富集和爆炸创造了条件。

知识拓展

危险化学品汽车槽车装卸作业安全

◎汽车槽车充装前注意事项

汽车槽车在充装前，充装单位必须有专人对槽车进行检查。

检查的项目如下。

① 检查槽车的有关资料看是否超期未检；检查槽车的漆色、铭牌和标志是否符合规定，是否与所装介质一致，是否脱落不易识别。

② 检查安全防火、灭火装置及附件是否齐全、灵敏、有效。

③ 检查罐内所装介质或罐内是否有余压。

④ 检查罐体外观是否有缺陷、能否保证安全使用，附件是否有跑、冒、滴、漏的现象。

⑤ 检查司机和押运员有无有效证件。

⑥ 检查车辆是否有公安、交通监理部门发给的有效检验证明和行驶证明。

⑦ 检查槽车的罐体号码与车辆号码是否相符。

⑧ 检查罐体与车辆之间的固定装置是否牢靠、有无损坏。

◎汽车槽车在装卸作业中注意事项

汽车槽车的装卸作业必须遵守下列规定：

① 槽车要按指定的位置停车，用手闸制动，并熄灭引擎。停车如有滑动可能时，车轮应加固定块。

② 作业场所严禁烟火，不得使用易产生火花的工具和用品。

③ 作业前要接好接地线。

④ 管道和管接头连接必须牢靠，并排尽空气。

⑤ 槽车的装卸作业人员应相对稳定，并经培训和考试合格。

⑥ 装卸作业时，操作人员和槽车押运员均不得离开现场。

⑦ 在正常装卸时，不得随意启动车辆。

⑧ 新槽车和检修后首次充装的槽车，充装前要作抽真空或充氮置换处理，严禁直接充装。真空度不低于 86.6kPa（650mmHg），或罐内气体氧含量不大于 3%。

⑨ 槽车的充装量不得超过设计所允许的最大充装量。

⑩ 槽车充装应认真填写充装记录，其内容包括槽车使用单位、车型、车号、充装介质、充装日期、实际充装量及充装者、复检者和押运员签名。

⑪ 槽车到厂（站）后，应及时往储罐卸液。

⑫ 固定式槽车不得兼作储罐用。

⑬ 一般情况下，不得从槽车直接灌瓶；如临时确需从槽车直接灌瓶，现场必须符合安全防火、灭火要求，并有相应的安全措施。

⑭ 禁止采用蒸汽直接注入槽车罐内升压，或直接加热槽车罐体的方法卸液。槽车卸液后，罐内必须留有 50kPa 余压力。

⑮ 如出现雷击天气、附近发生火灾、检测出液化气体泄漏、液压异常或其他不安全因素等情况时，槽车必须立即停止装卸作业，并作妥善处理。

附表 1-1　国家安全监管总局公布首批重点监管的危险化学品名录（2011）

序号	化学品名称	别名	CAS 号
1	氯	液氯、氯气	7782-50-5
2	氨	液氨、氨气	7664-41-7
3	液化石油气		68476-85-7
4	硫化氢		7783-06-4
5	甲烷、天然气		74-82-8(甲烷)
6	原油		
7	汽油(含甲醇汽油、乙醇汽油)、石脑油		8006-61-9(汽油)
8	氢	氢气	1333-74-0
9	苯(含粗苯)		71-43-2
10	碳酰氯	光气	75-44-5
11	二氧化硫		7446-09-5
12	一氧化碳		630-08-0
13	甲醇	木醇、木精	67-56-1
14	丙烯腈	氰基乙烯、乙烯基氰	107-13-1
15	环氧乙烷	氧化乙烯	75-21-8
16	乙炔	电石气	74-86-2
17	氟化氢、氢氟酸		7664-39-3
18	氯乙烯		75-01-4
19	甲苯	甲基苯、苯基甲烷	108-88-3
20	氰化氢、氢氰酸		74-90-8
21	乙烯		74-85-1
22	三氯化磷		7719-12-2

序号	化学品名称	别名	CAS 号
23	硝基苯		98-95-3
24	苯乙烯		100-42-5
25	环氧丙烷		75-56-9
26	一氯甲烷		74-87-3
27	1,3-丁二烯		106-99-0
28	硫酸二甲酯		77-78-1
29	氰化钠		143-33-9
30	1-丙烯、丙烯		115-07-1
31	苯胺		62-53-3
32	甲醚		115-10-6
33	丙烯醛、2-丙烯醛		107-02-8
34	氯苯		108-90-7
35	乙酸乙烯酯		108-05-4
36	二甲胺		124-40-3
37	苯酚	石炭酸	108-95-2
38	四氯化钛		7550-45-0
39	甲苯二异氰酸酯	TDI	584-84-9
40	过氧乙酸	过乙酸、过醋酸	79-21-0
41	六氯环戊二烯		77-47-4
42	二硫化碳		75-15-0
43	乙烷		74-84-0
44	环氧氯丙烷	3-氯-1,2-环氧丙烷	106-89-8
45	丙酮氰醇	2-甲基-2-羟基丙腈	75-86-5
46	磷化氢	膦	7803-51-2
47	氯甲基甲醚		107-30-2
48	三氟化硼		7637-07-2
49	烯丙胺	3-氨基丙烯	107-11-9
50	异氰酸甲酯	甲基异氰酸酯	624-83-9
51	甲基叔丁基醚		1634-04-4
52	乙酸乙酯		141-78-6
53	丙烯酸		79-10-7
54	硝酸铵		6484-52-2
55	三氧化硫	硫酸酐	7446-11-9
56	三氯甲烷	氯仿	67-66-3
57	甲基肼		60-34-4
58	一甲胺		74-89-5
59	乙醛		75-07-0
60	氯甲酸三氯甲酯	双光气	503-38-8

附表 1-2　国家安全监管总局公布第二批重点监管的危险化学品名录（2013）

序号	化学品品名	CAS 号
1	氯酸钠	7775-9-9
2	氯酸钾	3811-4-9
3	过氧化甲乙酮	1338-23-4
4	过氧化(二)苯甲酰	94-36-0
5	硝化纤维素	9004-70-0
6	硝酸胍	506-93-4
7	高氯酸铵	7790-98-9
8	过氧化苯甲酸叔丁酯	614-45-9
9	N,N'-二亚硝基五亚甲基四胺	101-25-7
10	硝基胍	556-88-7
11	2,2'-偶氮二异丁腈	78-67-1
12	2,2'-偶氮-二-(2,4-二甲基戊腈)(即偶氮二异庚腈)	4419-11-8
13	硝化甘油	55-63-0
14	乙醚	60-29-7

附表 1-3　部分可燃物质的爆炸浓度极限和爆炸危险度

分子式	物质名称	俗称	日常生活中物质成分	在空气中的爆炸极限/%		爆炸危险度
				下限	上限	
CH_4	甲烷		天然气	5.3	15.0	2.83
C_2H_6	乙烷			3.0	16.0	5.33
C_3H_8	丙烷			2.1	9.5	4.52
C_4H_{10}	丁烷	碳四	打火机油	1.5	8.5	5.67
C_5H_{12}	戊烷	碳五		1.7	9.8	5.76
C_6H_{14}	己烷	碳六		1.2	6.9	5.75
C_2H_4	乙烯		催熟剂,聚乙烯塑料	2.7	36.0	13.33
C_3H_6	丙烯			1.0	15.0	15.00
C_2H_2	乙炔			2.1	80.0	38.10
C_3H_4	丙炔(甲基乙炔)			1.7	无资料	—
C_4H_6	1,3-丁二烯(联乙烯)		合成橡胶原料	1.4	16.3	11.64
CO	一氧化碳		煤气	12.5	74.2	5.94
C_2H_6O	甲醚;二甲醚			3.4	27.0	7.94
C_2H_4O	环氧乙烷;氧化乙烯			3.0	100	33.33
H_2	氢			4.1	74.1	18.07
NH_3	氨;氨气		制冷剂	15.7	27.4	1.75
CS_2	二硫化碳		高效有机溶剂	1.0	60.0	60.00
C_6H_6	苯		广泛存在于有机物中	1.2	8.0	6.67
CH_3OH	甲醇		假酒,工业酒精	5.5	44.0	8.00

续表

分子式	物质名称	俗称	日常生活中物质成分	在空气中的爆炸极限/%		爆炸危险度
				下限	上限	
H_2S	硫化氢		剧毒气体	4.0	46.0	11.50
C_2H_3Cl	氯乙烯			3.6	31.0	8.61
HCN	氰化氢		剧毒气体	5.6	40.0	7.14

注：爆炸浓度极限：当可燃气体、可燃液体的蒸气（或可燃粉尘）与空气混合并达到一定浓度时，遇到火源就会发生爆炸，这个能够发生爆炸的浓度范围即为爆炸浓度极限。通常用可燃气体、蒸气或粉尘在空气中的体积分数来表示。

爆炸危险度：可燃性气体和蒸气可能发生爆炸的危险程度的度量。爆炸危险度由爆炸上限浓度范围与爆炸下限浓度之比值表示。

第二章
化工企业安全生产与管理

第一节　化工企业防火防爆

一、典型事故案例

【案例】　山东××科技石化有限公司"7·16"着火爆炸事故

1. 事故基本情况

2015 年 7 月 16 日 7 时 30 分左右，山东省日照市山东××科技石化有限公司（以下简称××科技公司）液化石油气球罐区在倒罐作业过程中发生着火爆炸事故，造成 2 名消防员轻伤、7 辆消防车毁坏、部分球罐以及周边设施和建构筑物不同程度损坏，罐区周边 1km 范围内居民房屋门窗被震坏。

××科技公司是中国××大学的校办企业，事故罐区为该公司产量为 100 万吨/年含硫含酸重质油综合利用项目配套罐区，共有 12 个球形储罐，呈两排分布，总库容为 1.5 万立方米，储存介质为液化石油气、丙烯和丙烷。××科技公司自 2014 年 4 月以来一直处于停产状态，2015 年 3 月起，该公司对 12 个球罐轮流倒罐，进行压力容器检测检验。事故发生前，罐区储存物料总量约为 3240m³。

7 月 15 日 16 时 30 分，该公司决定将 7 号罐内液化石油气（约 900m³）导入至 6 号罐，因工厂制氮系统停车，将 6 号罐内充满水置换空气，对 7 号罐进行注水加压，将其中液化石油气通过罐顶安全阀副线、低压液化气管线压入 6 号罐中，同时通过在 6 号罐底部管线导淋阀上连接消防水带，进行切水作业，以接收 7 号罐中物料。7 月 16 日 7 时 30 分左右，约 500m³ 液化石油气进入 6 号罐，因切水口无人监护，6 号罐水排完后，液化石油气泄漏并急剧气化，遇点火源引发火灾，导致 8 号罐、6 号罐相继爆炸，2 号罐、4 号罐烧毁。7 月 17 日 7 时 24 分左右，现场明火全部扑灭。

"7·16"着火爆炸事故现场见图 2-1。

2. 事故暴露安全问题

① 严重违反石油石化企业"人工切水操作不得离人"的明确规定，切水作业过程中无人现场实时监护，排净水后液化气泄漏时未能第一时间发现和处置。

② 企业违规将罐区在用球罐安全阀的前后手阀、球罐根部阀关闭，低压液化气排火炬总管加盲板隔断。

图 2-1　"7·16"着火爆炸事故现场

③ 操作人员未取得压力容器和压力管道操作资格证，无证上岗。

④ 通过罐顶部低压液化气管线，采用倒出罐注水加压、倒入罐切水卸压的方式进行倒罐操作，存在很大安全风险，企业没有制定倒罐操作规程，没有安全作业方案，没有进行风险辨识。

⑤ 未按照规定要求对重大危险源进行管控，球罐区自动化控制设施不完善，仅具备远传显示功能，不能实现自动化控制；紧急切断阀因工厂停仪表风由自动改为手动，失去安全功效；未设置视频监控系统，重大危险源的管控措施严重缺失。

⑥ 安全培训不到位，管理人员专业素质低，操作人员刚刚从装卸站区转岗到球罐区工作，未经转岗培训，岗位技能不足。

二、知识链接

（一）危险化学品重大危险源辨识

《危险化学品重大危险源辨识》（GB 18218—2018）规定了辨识危险化学品重大危险源的依据和方法，适用于生产、储存、使用和经营危险化学品的生产经营单位。

1. 基本概念

（1）单元　涉及危险化学品的生产、储存装置、设施或场所，分为生产单元和储存单元。

（2）临界量　某种或某类危险化学品构成重大危险源所规定的最小数量。

（3）危险化学品重大危险源　长期地或临时地生产、储存、使用和经营危险化学品，且危险化学品的数量等于或超过临界量的单元。

（4）生产单元　危险化学品的生产、加工及使用等的装置及设施，当装置及设施之间有切断阀时，以切断阀作为分隔界限划分为独立的单元。

（5）储存单元　用于储存危险化学品的储罐或仓库组成的相对独立的区域，储罐区以区防火堤为界限划分为独立的单元，仓库以独立库房（独立建筑物）为界限划分为独立的单元。

（6）混合物　由两种或者多种物质组成的混合体或者溶液。

2. 辨识过程

（1）辨识依据　危险化学品重大危险源的辨识依据是危险化学品的危险特性及其数量，具体见附表 2-1 和附表 2-2。危险化学品重大危险源可分为生产单元危险化学品重大危险源和储存单元危险化学品重大危险源。

（2）临界量的确定方法

① 在附表 2-1 范围内的危险化学品，其临界量按附表 2-1 确定；

② 未在附表 2-1 范围内的危险化学品，依据其危险性，按附表 2-2 确定临界量；若一种危险化学品具有多种危险性，按其中最低的临界量确定。

3. 辨识指标

生产单元、储存单元内存在危险化学品的数量等于或超过附表 2-1、附表 2-2 规定的临界量，即被定为重大危险源。单元内存在的危险化学品的数量根据危险化学品种类的多少区分为以下两种情况。

① 生产单元、储存单元内存在的危险化学品为单一品种时，该危险化学品的数量即为单元内危险化学品的总量，若等于或超过相应的临界量，则定为重大危险源。

② 生产单元、储存单元内存在的危险化学品为多品种时，则按式（2-1）计算，若满足式（2-1），则定为重大危险源：

$$S = q_1/Q_1 + q_2/Q_2 + \cdots + q_n/Q_n \geq 1 \tag{2-1}$$

式中　　　　　　　S——辨识指标；

　q_1，q_2，…，q_n——每种危险化学品实际存在量，t；

　Q_1，Q_2，…，Q_n——与各危险化学品相对应的临界量，t。

危险化学品储罐以及其他容器、设备或仓储区的危险化学品的实际存在量按设计最大量确定。

对于危险化学品混合物，如果混合物与其纯物质属于相同危险类别，则视混合物为纯物质，按混合物整体进行计算，如果混合物与其纯物质不属于相同危险类别，则应按新危险类别考虑其临界量。

关于重大危险源分级内容，本书不做具体介绍，可详细查询《危险化学品重大危险源辨识》（GB 18218—2018）4.3 节。

危险化学品重大危险源辨识流程见图 2-2。

（二）危险化学品重大危险源监督管理

从事危险化学品生产、储存、使用和经营的单位的危险化学品重大危险源的辨识、评估、登记建档、备案、核销及其监督管理执行《危险化学品重大危险源监督管理暂行规定》（国家安全生产监督管理总局令第 40 号）。

危险化学品单位是本单位重大危险源安全管理的责任主体，其主要负责人对本单位的重大危险源安全管理工作负责，并保证重大危险源安全生产所必需的安全投入。

重大危险源根据其危险程度，分为一级、二级、三级和四级，一级为最高级别。

危险化学品单位应当根据构成重大危险源的危险化学品种类、数量、生产、使用工艺（方式）或者相关设备、设施等实际情况，按照下列要求建立健全安全监测监控体系，完善

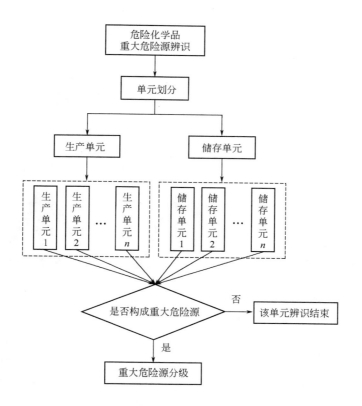

图 2-2　危险化学品重大危险源辨识流程

控制措施。

① 重大危险源配备温度、压力、液位、流量、组分等信息的不间断采集和监测系统以及可燃气体和有毒有害气体泄漏检测报警装置，并具备信息远传、连续记录、事故预警、信息存储等功能；一级或者二级重大危险源，具备紧急停车功能。记录的电子数据的保存时间不少于 30 天。

② 重大危险源的化工生产装置装备满足安全生产要求的自动化控制系统；一级或者二级重大危险源，装备紧急停车系统。

③ 对重大危险源中的毒性气体、剧毒液体和易燃气体等重点设施，设置紧急切断装置；毒性气体的设施，设置泄漏物紧急处置装置。涉及毒性气体、液化气体、剧毒液体的一级或者二级重大危险源，配备独立的安全仪表系统（SIS）。

④ 重大危险源中储存剧毒物质的场所或者设施，设置视频监控系统。

（三）安全标志

1. 安全色

传递安全信息含义的颜色，包括红色、黄色、蓝色、绿色四种颜色。

2. 安全标志

用以表达特定安全信息的标志，由图形符号、安全色、几何形状（边框）或文字构成。

安全标志分禁止标志、警告标志、指令标志和提示标志四大类型，具体使用范围如下。安全标志具体形式详见《安全标志及其使用导则》。

（1）禁止标志　禁止人们不安全行为的图形标志。

（2）警告标志　提醒人们对周围环境引起注意，以避免可能发生危险的图形标志。

（3）指令标志　强制人们必须做出某种动作或采用防范措施的图形标志。

（4）提示标志　向人们提供某种信息（如标明安全设施或场所等）的图形标志。

（四）防火防爆技术

1. 火灾危险性

火灾危险性是指火灾发生的可能性与暴露于火灾或燃烧产物中而产生的预期有害程度的综合反应。

火灾危险性分类分为生产的火灾危险性分类和储存物品的火灾危险性分类两大类。

（1）生产的火灾危险性　根据生产中使用或产生的物质性质及其数量等因素，分为甲、乙、丙、丁、戊类，并应符合表 2-1 的规定。

生产的火灾危险性分类，一般要分析整个生产过程中的每个环节是否有引起火灾的可能性。生产的火灾危险性分类一般要按其中最危险的物质确定，通常可根据生产中使用的全部原材料的性质、生产中操作条件的变化是否会改变物质的性质、生产中产生的全部中间产物的性质、生产的最终产品及其副产品的性质和生产过程中的环境条件等因素分析确定。当然，要同时兼顾生产的实际使用量或产出量。

在实际中一些产品可能有若干种不同工艺的生产方法，其中使用的原材料和生产条件也可能不尽相同，因而不同生产方法所具有的火灾危险性也可能有所差异，分类时要注意区别对待。

（2）储存物品的火灾危险性　根据储存物品的性质和储存物品中的可燃物数量等因素，分为甲、乙、丙、丁、戊类，并应符合表2-2的规定。

同一座仓库或仓库的任一防火分区内储存不同火灾危险性物品时，仓库或防火分区的火灾危险性应按火灾危险性最大的物品确定。

表 2-1　生产的火灾危险性分类

生产类别	火灾危险性特征	
	项别	使用或产生下列物质的生产
甲	1	闪点小于28℃的液体 如闪点<28℃的油品和有机溶剂的提炼、回收或洗涤工段及其泵房，橡胶制品的涂胶和胶浆部位，甲醇、乙醇、丙酮、丁酮、乙酸乙酯、苯等的合成或精制厂房等
	2	爆炸下限小于10%的气体 如乙炔站、氢气站，压缩机室及鼓风机室，液化石油气灌瓶间、电解水或电解食盐水厂房等
	3	常温下能自行分解或在空气中氧化能导致迅速自燃或爆炸的物质 如硝化棉厂房及其应用部位，赛璐珞厂房，黄磷制备厂房及其应用部位等
	4	常温下受到水或空气中水蒸气的作用，能产生可燃气体并引起燃烧或爆炸的物质 如金属钠、钾的加工厂房及其应用部位，三氯化磷厂房等
	5	遇酸、受热、撞击、摩擦、催化以及遇有机物或硫黄等易燃的无机物，极易引起燃烧或爆炸的强氧化剂 如氯酸钠、氯酸钾厂房及其应用部位，过氧化氢厂房，过氧化钠、过氧化钾厂房等
	6	受撞击、摩擦或与氧化剂、有机物接触时能引起燃烧或爆炸的物质 如赤磷制备厂房及其应用部位，五硫二磷厂房及其应用部位等
	7	在密闭设备内操作温度大于等于物质本身自燃点的生产 如洗涤剂厂房的蜡裂解部位，冰醋酸裂解厂房等
乙	1	闪点≥28℃，但<60℃的液体 如闪点≥28℃且<60℃的油品和有机溶剂的提炼、回收、洗涤部位及其泵房，松节油或松香蒸馏厂房及其应用部位，樟脑油提取部位，煤油灌桶间等
	2	爆炸下限≥10%的气体 如一氧化碳压缩机室及其净化部位，发生炉煤气或鼓风炉煤气的净化部位，氯压缩机房等
	3	不属于甲类的氧化剂 如发烟硫酸或发烟硝酸浓缩部位，高锰酸钾厂房，重铬酸钠厂房等
	4	不属于甲类的化学易燃危险固体 如樟脑或松香提炼厂房，硫黄回收厂房，焦化厂精苯厂房等
	5	助燃气体 如氧气站、空分厂房，液氯灌瓶间等
	6	能与空气形成爆炸性混合物的浮游状态的粉尘、纤维、闪点≥60℃的液体雾滴 如铝粉或镁粉厂房，金属制品抛光部位，面粉厂的研磨部位等
丙	1	闪点≥60℃的液体 如闪点≥60℃的油品和有机液体的提炼、回收工段及其抽送泵房，香料厂的松油醇、乙酸松油脂部位，苯甲醇厂房，苯乙酮厂房，油浸变压器室，机器油或变压器油灌桶间，柴油灌桶间，润滑油再生部位，配电室（每台装油量≥60kg的设备）等
	2	可燃固体 如煤、焦炭的筛分、运转工段，木工厂房，橡胶制品的成型，针织品厂房，纺织、印染、化纤生产的干燥部位，服装加工厂房等

续表

生产类别	项别	火灾危险性特征
		使用或产生下列物质的生产
丁	1	对不燃烧物质进行加工,并在高温或熔化状态下经常产生强辐射热、火花或火焰的生产 如金属冶炼、锻造、铆焊、热轧、铸造、热处理厂房等
	2	利用气体、液体、固体作为燃料或将气体、液体进行燃烧作其他用的各种生产 如锅炉房、保温瓶胆厂房,陶瓷制品的烘干、烧成厂房,电石炉部位,耐火材料烧成部位,电级燃烧工段,配电室(每台装油量≤60kg 的设备)等
	3	常温下使用或加工难燃烧物质的生产 如铝塑材料的加工厂房,印染厂的漂炼部位,化纤厂后加工润湿部位等
戊		常温下使用或加工不燃烧物质的生产 如制砖车间、金属(镁合金除外)冷加工车间等

表 2-2　储存物品的火灾危险性分类

仓库类别	项别	储存物品的火灾危险性特征
甲	1	闪点小于 28℃的液体 如己烷、戊烷、石脑油、二硫化碳、苯、甲苯、甲醇、乙醇、乙醚、乙酸甲酯、硝酸甲酯、汽油、丙酮、丙烯、乙醛、60°以上的白酒等易燃液体
	2	爆炸下限小于 10%的气体,以及受到水或空气中水蒸气的作用,能产生爆炸下限小于 10%气体的固体物质 如乙炔、氢气、甲烷、乙烯、丙烯、丁二烯、硫化氢、氯乙烯、液化石油气等易燃气体
	3	常温下能自行分解或在空气中氧化能导致迅速自燃或爆炸的物质 如硝化棉、喷漆棉、火胶棉、黄磷等易燃固体
	4	常温下受到水或空气中水蒸气的作用,能产生可燃气体并引起燃烧或爆炸的物质 如钾、钠、锂、钙等碱金属和碱土金属;电石、碳化铝等固体物质
	5	遇酸、受热、撞击、摩擦以及遇有机物或硫黄等易燃的无机物,极易引起燃烧或爆炸的强氧化剂 如氯酸钾、氯酸钠、过氧化钾、过氧化钠等强氧化剂
	6	受撞击、摩擦或与氧化剂、有机物接触时能引起燃烧或爆炸的物质 如赤磷、五硫化磷、三硫化磷等易燃固体
乙	1	闪点≥28℃,但<60℃的液体 如煤油、松节油、丁烯醇、丁醚、乙酸丁酯、溶剂油、冰醋酸、樟脑油等易燃液体
	2	爆炸下限≥10%的气体 如氨气、一氧化碳、发生炉煤气等易燃气体
	3	不属于甲类的氧化剂 如硝酸铜、铬酸、亚硝酸钾、硝酸、硝酸汞、硝酸钴、发烟硫酸、漂白粉等氧化剂
	4	不属于甲类的化学易燃危险固体 如硫黄、镁粉、铝粉、赛璐珞板(片)、樟脑、萘、硝化纤维漆布、硝化纤维胶片等易燃固体
	5	助燃气体 如氧气、氯气、氟气、压缩空气、氧化亚氮气等氧化性气体
	6	常温下与空气接触能缓慢氧化,积热不散引起自燃的物品 如漆布、油布、油纸、油绸及其制品等自燃物品
丙	1	闪点≥60℃的液体 如动物油、植物油、沥青、蜡、润滑油、机油、重油、闪点≥60℃的柴油,大于 50°且小于 60°的白酒等可燃性液体
	2	可燃固体 如纸张、棉、毛、丝、麻及其织物,竹、木、电视机、计算机及其录制的数据磁盘等电子产品等
丁		难燃烧物品 如自熄性塑料及其制品,水泥刨花板等

续表

仓库类别	项别	储存物品的火灾危险性特征
戊		不燃烧物品 如氮气、二氧化碳、氟利昂、氩气等惰性气体，水、钢材、铝材、玻璃及其制品、搪瓷制品、陶瓷制品、玻璃棉、石棉、石膏及其无纸制品，水泥、石料等

2. 火灾类别

按照国家标准《火灾分类》（GB/T 4968—2008）的规定，火灾根据可燃物的类型和燃烧特性，分为 A、B、C、D、E、F 六类。

A 类火灾：固体物质火灾。这种物质通常具有有机物性质，一般在燃烧时能产生灼热的余烬。如木材、煤、棉、毛、麻、纸张等引起的火灾。

B 类火灾：液体或可熔化的固体物质火灾。如煤油、柴油、原油、甲醇、乙醇、沥青、石蜡等引起的火灾。

C 类火灾：气体火灾。如煤气、天然气、甲烷、乙烷、丙烷、氢气等引起的火灾。

D 类火灾：金属火灾。如钾、钠、镁、铝镁合金等引起的火灾。

E 类火灾：带电火灾。物体带电燃烧的火灾。

F 类火灾：烹饪器具内的烹饪物（如动植物油脂）火灾。

3. 消防设施

化工企业应设置与生产、储存、运输的物料和操作条件相适应的消防设施，供专职消防人员和岗位操作人员使用。

（1）消防站　大中型石油化工企业应设消防站。消防站的规模应根据石油化工企业的规模、火灾危险性、固定消防设施的设置情况，以及邻近单位消防协作条件等因素确定。

石油化工企业消防车辆的车型应根据被保护对象选择，以大型泡沫消防车为主，且应配备干粉或干粉-泡沫联用车；大型石油化工企业尚宜配备高喷车和通信指挥车。

消防站宜设置向消防车快速灌装泡沫液的设施，并宜设置泡沫液运输车，车上应配备向消防车输送泡沫液的设施。

（2）消防水源　当消防用水由工厂水源直接供给时，工厂给水管网的进水管不应少于两条。当其中一条发生事故时，另一条应能满足 100％的消防用水和 70％的生产、生活用水总量的要求。消防用水由消防水池（罐）供给时，工厂给水管网的进水管，应能满足消防水池（罐）的补充水和 100％的生产、生活用水总量的要求。

每台消防水泵宜有独立的吸水管，两台以上成组布置时，其吸水管不应少于两条，当其中一条检修时，其余吸水管应能确保吸取全部消防用水量。

成组布置的水泵，至少应有两条出水管与环状消防水管道连接，两连接点间应设阀门。当一条出水管检修时，其余出水管应能输送全部消防用水量。

消防水泵、稳压泵应分别设置备用泵，备用泵的能力不得小于最大一台泵的能力。

消防水泵应设双动力源，当采用柴油机作为动力源时，柴油机的油料储备量应能满足机组连续运转 6h 的要求。

（3）消火栓

① 室外消火栓系统。室外消火栓。传统的有地上式消火栓和地下式消火栓，目前市场

上已有新型的室外直埋伸缩式消火栓，如图 2-3 所示。

图 2-3   消火栓及注意事项

地上式消火栓特点：在地上接水，操作方便，但易被碰撞，易受冻；

地下式消火栓特点：防冻效果好，但需要建较大的地下井室，且使用时消防队员要到井内接水，非常不方便。

室外直埋伸缩式消火栓特点：平时消火栓压回地面以下，使用时拉出地面工作，因此比地上式能避免碰撞，防冻效果好；比地下式操作方便，直埋安装更简单。

※室外消火栓的设置原则

① 消火栓宜沿道路敷设。

② 消火栓距路面边不宜大于5m，距建筑物外墙不宜小于5m。

③ 地上式消火栓的大口径出水口应面向道路，当其设置场所有可能受到车辆冲撞时，应在其周围设置防护设施。

④ 消火栓的保护半径不应超过120m。

⑤ 罐区及工艺装置区的消火栓应在其四周道路边设置，消火栓的间距不宜超过60m。当装置内设有消防道路时，应在道路边设置消火栓。距被保护对象15m以内的消火栓不应计算在该保护对象可使用的数量之内。

② 室内消火栓系统。室内消火栓系统见图2-4。

 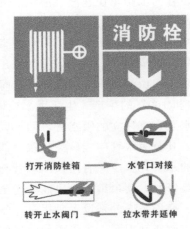

图 2-4   室内消火栓系统

※室内消火栓的设置原则

① 甲、乙、丙类厂房（仓库）、高层厂房及高架仓库应在各层设置室内消火栓，当单层

厂房长度小于 30m 时，可不设。

② 甲、乙类厂房（仓库）、高层厂房及高架仓库的室内消火栓间距不应超过 30m，其他建筑物的室内消火栓间距不应超过 50m。

③ 消火栓配置的水枪应为直流-水雾两用枪，当室内消火栓栓口处的压力大于 0.50MPa 时，应设置减压设施。

※ 消火栓的日常管理

① 地上式消火栓和室内消火栓每周检查一次。

② 检查地上式消火栓启闭杆、室内消火栓的手轮是否好用。

③ 消火栓连接处是否漏水，附件是否齐全。

④ 消火栓箱内的水带、水枪、消火栓扳手是否完好齐全；消火栓箱是否锈蚀、损坏。

（五）灭火器及类型选择

灭火器按充装的灭火剂可分为以下五类。

1. 干粉灭火器

（1）灭火原理　干粉灭火剂是用于灭火的干燥且易于流动的微细粉末，由具有灭火效能的无机盐和少量的添加剂经干燥、粉碎、混合而成微细固体粉末组成。它是一种在消防中得到广泛应用的灭火剂。除扑救金属火灾的专用干粉化学灭火剂外，干粉灭火剂一般分为 BC 干粉灭火剂（碳酸氢钠）和 ABC 干粉灭火剂（磷酸铵盐）两大类。

灭火原理主要两个方面：一是靠干粉中的无机盐的挥发性分解物，与燃烧过程中燃料所产生的自由基或活性基团发生化学抑制和负催化作用，使燃烧的链反应中断而灭火；二是靠干粉的粉末落在可燃物表面外，发生化学反应，并在高温作用下形成一层玻璃状覆盖层，从而隔绝氧，进而窒息灭火。另外，还有部分稀释氧和冷却的作用。

（2）适用范围　干粉灭火器可以扑救 A、B、C 类和电气火灾，以及某些不宜用水扑救的火灾（如图书馆火灾）。但不适用扑救轻金属火灾（如钠、钾、钙、镁、铀等火灾）。

（3）使用注意事项（手提式）　使用手提式干粉灭火器之前，要查看压力表。压力表分红、绿、黄三个区域。红区压力过低，要及时补充或调换；绿区压力正常，可以正常使用；黄区压力过高（与灭火器环境有关）；使用手提干粉灭火器时，先要多上下颠倒几次，使干粉预先疏松易于喷出，以达到灭火的目的；干粉灭火后往往有残留物，要注意防止损害精密仪器；灭火器一经开启即应进行重新充装。

灭火器的喷射距离为 2～3m，灭火时应保持有效的安全距离。使用灭火器时，操作者应站在上风口，对准火焰根部喷射。

2. 二氧化碳灭火器

（1）灭火原理　在加压时将液态二氧化碳压缩在小钢瓶中，灭火时再将其喷出，有降温和隔绝空气的作用。

（2）适用范围　具有流动性好、喷射率高、不腐蚀容器和不易变质等优良性能，用来扑灭图书、档案、贵重设备、精密仪器、600V 以下电气设备（不得选用装有金属喇叭喷筒的二氧化碳灭火器）及油类的初起火灾。

（3）使用注意事项（手提式）　在使用时，应首先将灭火器提到起火地点，放下灭火器，拔出保险销，一只手握住喇叭筒根部的手柄，另一只手紧握启闭阀的压把。对没有喷射软管的二氧化碳灭火器，应把喇叭筒往上扳 70°～90°。使用时，不能直接用手抓住喇叭筒外壁或金属连接管，防止手被冻伤。在使用二氧化碳灭火器时，在室外使用的，应选择上风方向喷射；在室内窄小空间使用的，灭火后操作者应迅速离开，以防窒息。

3. 泡沫型灭火器

（1）灭火原理   泡沫灭火器内有两个容器，分别盛放两种液体，它们是硫酸铝和碳酸氢钠溶液，分别放置在内筒和外筒，内筒内为硫酸铝溶液，外筒内为碳酸氢钠溶液，两种溶液互不接触，不发生任何化学反应（平时千万不能碰倒泡沫灭火器）。当需要泡沫灭火器时，把灭火器倒立，两种溶液混合在一起，就会产生大量的二氧化碳气体。

除了两种反应物外，灭火器中还加入了一些发泡剂。发泡剂能使泡沫灭火器在打开开关时能喷射出大量二氧化碳以及泡沫，能黏附在燃烧物品上，使燃着的物质与空气隔离，并降低温度，达到灭火的目的。由于泡沫灭火器喷出的泡沫中含有大量水分，它不如二氧化碳液体灭火器，后者灭火后不污染物质，不留痕迹。

（2）适用范围   适用于扑救一般 B 类火灾，如油制品、油脂等火灾，也可适用于 A 类火灾，但不能扑救 B 类火灾中的水溶性可燃、易燃液体的火灾，如醇、酯、醚、酮等物质火灾；也不能扑救带电设备及 C 类和 D 类火灾。

说明：极性溶剂的 B 类火灾场所应选择灭 B 类火灾的抗溶性灭火器。

（3）使用注意事项   在扑救可燃液体火灾时，如已呈流淌状燃烧，则将泡沫由近而远喷射，使泡沫完全覆盖在燃烧液面上；如在容器内燃烧，应将泡沫射向容器的内壁，使泡沫沿着内壁流淌，逐步覆盖着火液面。切忌直接对准液面喷射，以免由于射流的冲击，反而将燃烧的液体冲散或冲出容器，扩大燃烧范围。在扑救固体物质火灾时，应将射流对准燃烧最猛烈处。灭火时随着有效喷射距离的缩短，使用者应逐渐向燃烧区靠近，并始终将泡沫喷在燃烧物上，直到扑灭。使用时，灭火器应始终保持倒置状态，否则会中断喷射。

特别强调，泡沫灭火器不可用于扑灭带电设备的火灾，否则将威胁人身安全。

4. 水基型灭火器（水雾）

（1）灭火原理   水基型灭火器的灭火机理为物理性灭火原理。灭火剂主要有碳氢表面活性剂、氟碳表面活性剂、阻燃剂和助剂组成，水基型（水雾）灭火器在喷射后，成水雾状，瞬间蒸发火场大量的热量，迅速降低火场温度，抑制热辐射，表面活性剂在可燃物表面迅速形成一层水膜，隔离氧气，降温、隔离双重作用，同时参与灭火，从而达到快速灭火的目的。

（2）适用范围   除可燃金属起火外全部可以扑救，并可绝缘 36kV 电压，是扑救电器火灾的最佳选择。

除了灭火之外，水雾型灭火器还可以用于火场自救。在起火时，将水雾灭火器中的药剂喷在身上，并涂抹于头上，可以使自己在普通火灾中完全免除火焰伤害，在高温火场中最大限度地减轻烧伤。

5. 卤代烷型灭火器

卤代烷灭火剂是以卤素原子取代一些低级烷烃类化合物分子中的部分或全部氢原子后所生成的具有一定灭火能力的化合物的总称。该类灭火剂品种较多，而我国只发展两种，即1211 灭火器和 1301 灭火器。

（1）灭火原理   通过抑制燃烧的化学反应过程，中断燃烧的链反应而迅速灭火的，属于化学灭火。

（2）适用范围   适用于扑救易燃液体和可燃液体、可燃气体火灾，当前除特殊场所使用外，其他情况下国内已基本停用。

⭐ **知识拓展**

为什么乙炔气瓶不能放倒使用？

乙炔气瓶不能放倒使用，归纳原因有以下几点。

① 乙炔瓶装有填料和溶剂（丙酮），卧放使用时，丙酮易随乙炔气流出，不仅增加丙酮的消耗量，还会降低燃烧温度而影响使用，同时会产生回火而引发乙炔瓶爆炸事故。

② 乙炔瓶卧放时，易滚动，瓶与瓶、瓶与其他物体易受到撞击，形成激发能源，导致乙炔瓶事故的发生。

③ 乙炔瓶配有防震胶圈，其目的是防止在装卸、运输、使用中相互碰撞。胶圈是绝缘材料，卧放即等于乙炔瓶放在电绝缘体上，致使气瓶上产生的静电不能向大地扩散，聚集在瓶体上，易产生静电火花，当有乙炔气泄漏时，极易造成燃烧和爆炸事故。

④ 使用时乙炔瓶瓶阀上装有减压器、阻火器、连接有胶管，因卧放易滚动，滚动时易损坏减压器、阻火器或拉脱胶管，造成乙炔气向外泄放，导致燃烧爆炸。基于以上原因，故乙炔瓶必须直立。

氧气瓶口为什么不能沾染油脂？

油脂，特别是含有不饱和脂及酸脂，很容易汽化放热。由于纯氧有极强的氧化性，它能促使可燃物的猛烈燃烧。油脂类物质遇到了纯氧，其汽化速率大大加快。同时放出大量热量。温度迅速上升，很快就会引起燃烧。如果氧气瓶口沾上油脂，当氧气急速度喷出时，使油脂迅速发生氧化反应，而且高压气流与瓶口摩擦产生的热量又进一步加速氧化反应的进行，所以沾染在氧气瓶或减压阀上的油脂就会引起燃烧，甚至爆炸，这就是氧气瓶特别是瓶嘴及与氧气接触的附件严禁接触沾染油脂的原因。

采取的防范措施如下。

① 氧气瓶上及储存氧气的库房应有严禁油脂的标志，提醒人们注意除了氧气瓶不准接触油脂外包括与氧气接触的附件（如减压阀、焊接炬、输气胶管等），都不能接触油脂。

② 储存氧气瓶的库房及运输车辆都严禁与油脂类物品同储、同运。如库房、车辆沾染有油污要彻底清除掉，才能储存或装运。

③ 氧气瓶在储存、运输进要戴上安全帽，防止油脂或尘埃的侵入或氧气瓶嘴受到机械损伤。

④ 对于使用、储运操作及管理人员都不得穿戴沾染油污的工作服、手套等接触氧气瓶及其附件。

【四懂四会】

懂得岗位火灾的危险性　懂得预防火灾的措施
懂得扑救火灾的方法　懂得逃生疏散的方法
会使用消防器材　会报火警
会扑救初起火灾　会组织疏散逃生

【五个第一】

第一时间发现火情　第一时间报警　第一时间扑救初期火灾
第一时间启动消防设备　第一时间组织人员疏散

附表 2-1　危险化学品名称及其临界量

序号	危险化学品名称和说明	别名	CAS 号	临界量/t
1	氨	液氨;氨气	7664-41-7	10
2	二氟化氧	一氧化二氟	7783-41-7	1
3	二氧化氮		10102-44-0	1
4	二氧化硫	亚硫酸酐	7446-09-5	20
5	氟		7782-41-4	1
6	碳酰氯	光气	75-44-5	0.3
7	环氧乙烷	氧化乙烯	75-21-8	10
8	甲醛(含量>90%)	蚁醛	50-00-0	5
9	磷化氢	磷化三氢;膦	7803-51-2	1
10	硫化氢		7783-06-4	5
11	氯化氢(无水)		7647-01-0	20
12	氯	液氯;氯气	7782-50-5	5
13	煤气(CO,CO 和 H₂、CH₄ 的混合物等)			20
14	砷化氢	砷化三氢;胂	7784-42-1	1
15	锑化氢	三氢化锑;锑化三氢;睇	7803-52-3	1
16	硒化氢		7783-07-5	1
17	溴甲烷	甲基溴	74-83-9	10
18	丙酮氰醇	丙酮合氰化氢;2-羟基异丁腈;氰丙醇	75-86-5	20
19	丙烯醛	烯丙醛;败脂醛	107-02-8	20
20	氟化氢		7664-39-3	1
21	1-氯-2,3-环氧丙烷	环氧氯丙烷(3-氯-1,2-环氧丙烷)	106-89-8	20
22	3-溴-1,2-环氧丙烷	环氧溴丙烷;溴甲基环氧丙烷;表溴醇	3132-64-7	20
23	甲苯二异氰酸酯	二异氰酸甲苯酯;TD1	26471-62-5	100
24	一氯化硫	氯化硫	10025-67-9	1
25	氰化氢	无水氢氰酸	74-90-8	1
26	三氧化硫	硫酸酐	7446-11-9	75
27	3-氨基丙烯	烯丙胺	107-11-9	20
28	溴	溴素	7726-95-6	20
29	乙撑亚胺	吖丙啶;1-氮杂环丙烷;氮丙啶	151-56-4	20
30	异氰酸甲酯	甲基异氰酸酯	624-83-9	0.75
31	叠氮化钡	叠氮钡	18810-58-7	0.5
32	叠氮化铅		13424-46-9	0.5
33	雷汞	二雷酸汞;雷酸汞	628-86-4	0.5
34	三硝基苯甲醚	三硝基茴香醚	28653-16-9	5
35	2,4,6-三硝基甲苯	梯恩梯;TNT	118-96-7	5
36	硝化甘油	硝化丙三醇;甘油三硝酸酯	55-63-0	1

续表

序号	危险化学品名称和说明	别名	CAS 号	临界量/t
37	消化纤维素[干的或含水(或乙醇)<25%]			1
38	消化纤维素[未改型的,或增塑的,含增塑剂<18%]	消化棉	9004-70-0	1
39	消化纤维素(含乙醇≥25%)			10
40	消化纤维素(含氮≤12.6%)			50
41	消化纤维素(含水≥25%)			50
42	消化纤维素溶液(含氮量≤12.6%,含消化纤维素≤55%)	消化棉溶液	9004-70-0	50
43	硝酸铵(含可燃物>0.2%,包括以碳计算的任何有机物,但不包括任何添加剂)		6484-52-2	5
44	硝酸铵(含可燃物≤0.2%)		6484-52-2	50
45	硝酸铵肥料(含可燃物≤0.4%)			200
46	硝酸钾		7757-79-1	1000
47	1,3-丁二烯	联乙烯	106-99-0	5
48	二甲醚	甲醚	115-10-6	50
49	甲烷,天然气		74-82-8(甲烷) 8006-14-2 (天然气)	50
50	氯乙烯	乙烯基氯	75-01-4	50
51	氢	氢气	1333-74-0	5
52	液化石油气(含丙烷、丁烷及其混合物)	石油气(液化的)	68476-85-7 74-98-6(丙烷) 106-97-8(丁烷)	50
53	一甲胺	氨基甲烷;甲胺	74-89-5	5
54	乙炔	电石气	74-86-2	1
55	乙烯		74-85-1	50
56	氧(压缩的或液化的)	液氧;氧气	7782-44-7	200
57	苯	纯苯	71-43-2	50
58	苯乙烯	乙烯苯	100-42-5	500
59	丙酮	二甲基酮	67-64-1	500
60	2-丙烯腈	丙烯腈;乙烯丙氰;氰基乙烯	107-13-1	50
61	二硫化碳		75-15-0	50
62	环己烷	六氢化苯	110-82-7	500
63	1,2-环氧丙烷	氧化丙烯;甲基环氧乙烷	75-56-9	10
64	甲苯	甲基苯;苯基甲烷	108-88-3	500
65	甲醇	木醇;木精	67-56-1	500
66	汽油(乙醇汽油、甲醇汽油)		86290-81-5(汽油)	200
67	乙醇	酒精	64-17-5	500
68	乙醚	二乙基醚	60-29-7	10
69	乙酸乙酯	醋酸乙酯	141-78-6	500

续表

序号	危险化学品名称和说明	别名	CAS 号	临界量/t
70	正己烷	己烷	110-54-3	500
71	过乙酸	过醋酸；过氧乙酸；乙酰过氧化氢	79-21-0	10
72	过氧化甲基乙酸酮(10%<有效氧含量≤10.7%,含 A 型稀释剂≥48%)		1338-23-4	10
73	白磷	黄磷	12185-10-3	50
74	烷基铝	三烷基铝		1
75	戊硼烷	五硼烷	19624-22-7	1
76	过氧化钾		17014-71-0	20
77	过氧化钠	双氧化钠；二氧化钠	1313-60-6	20
78	氯酸钾		3811-04-9	100
79	氯酸钠		7775-09-9	100
80	发烟硝酸		52583-42-3	20
81	硝酸(发红烟的除外,含硝酸>70%)		7697-37-2	100
82	硝酸胍	硝酸亚氨脲	506-93-4	50
83	碳化钙	电石	75-20-7	100
84	钾	金属钾	7440-09-7	1
85	钠	金属钠	7440-23-5	10

附表 2-2　未在附表 2-1 中列举的危险化学品类别及其临界量

类别	符号	危险性分类及说明	临界量/t
健康危害	J(健康危害性符号)	—	—
急性毒性	J1	类别 1,所有暴露途径,气体	5
	J2	类别 1,所有暴露途径,固体、液体	50
	J3	类别 2、类别 3,所有暴露途径,气体	50
	J4	类别 2、类别 3,吸入途径,液体(沸点≤35℃)	50
	J5	类别 2,所有暴露途径,液体(除 J4 外)、固体	500
物理危害	W(物理危害性符号)	—	—
爆炸物	W1.1	—不稳定爆炸物 —1.1 项爆炸物	1
	W1.2	1.2、1.3、1.5、1.6 项爆炸物	10
	W1.3	1.4 项爆炸物	50
易燃气体	W2	类别 1 和类别 2	10
气溶胶	W3	类别 1 和类别 2	150(净重)
氧化性气体	W4	类别 1	50
易燃液体	W5.1	—类别 1 —类别 2 和 3,工作温度高于沸点	10
	W5.2	—类别 2 和 3,具有引发重大事故的特殊工艺条件,包括危险化工工艺、爆炸极限范围或附近操作、操作压力大于 1.6MPa 等	50
	W5.3	—不属于 W5.1 或 W5.2 的其他类别 2	1000
	W5.4	—不属于 W5.1 或 W5.2 的其他类别 3	5000

续表

类别	符号	危险性分类及说明	临界量/t
自反应物质和混合物	W6.1	A型和B型自反应物质和混合物	10
	W6.2	C型、D型、E型自反应物质和混合物	50
有机过氧化物	W7.1	A型和B型有机过氧化物	10
	W7.2	C型、D型、E型、F型有机过氧化物	50
自燃液体和自燃固体	W8	类别1自燃液体 类别2自燃固体	50
氧化性液体和固体	W9.1	类别1	50
	W9.2	类别2、类别3	200
易燃固体	W10	类别1易燃固体	200
遇水放出易燃气体的物质和混合物	W11	类别1和类别2	200

注：以上危险化学品危险性类别及包装类别依据 GB 12268 确定，急性毒性类别依据 GB 20592 确定。

第二节　化工企业电气安全

化工生产企业供电系统比较复杂，用电负荷大，电气设备多，线路分布面广。电气设备和线路几乎遍布每一个生产岗位，容易导致各种各样的电气事故发生。

一、典型事故案例

【案例一】　山东聊城××化学有限公司"7.8"触电事故

1. 事故基本情况

2008年7月8日，山东聊城××化学有限公司进行袋装硫酸铵堆垛过程中，操作工移动输送机时发生触电事故，造成3人死亡。

7月8日上午，该公司组织人员使用一台输送机对厂区南部空地上堆放的袋装硫酸铵进行堆垛，输送机上安装有两台电动机，由一条从硫酸铵车间配电柜引来的三相三芯电缆线提供动力电源，电缆线直接绑扎在输送机钢架上。10时10分左右，现场操作人员准备向北移动输送机再进行堆垛，先是关掉输送机上的电机开关，但没有从配电柜处切断电源，随后，3人在抓住钢架移动输送机时触电，经抢救无效死亡。

2. 事故原因分析

据调查分析，因电缆线绑扎点处外绝缘层磨破，露出的线芯与输送机钢架直接接触，造成钢架带电，又因当天阴雨致使输送机钢架整体潮湿，工人移动输送机时发生触电。另外，企业没有落实属地安监办关于用电线路不规范的整改指令，未能对输送机上的电气线路及时维修，导致事故发生。

3. 事故暴露安全问题

这起事故的发生，暴露出事故企业不重视安全生产，安全管理规章制度不完善，设备管理责任不明确，电气设施不符合安全要求，用电作业不规范，未按规定对员工进行安全培训，部分特种作业人员未持证上岗等问题。

【案例二】 静电引起甲苯装卸槽车爆炸起火事故

1. 事故基本情况

某年 7 月 22 日 9 时 50 分左右，某化工厂租用某运输公司一辆汽车槽车，到铁路专线上装卸外购的 46.5t 甲苯，并指派仓库副主任、厂安全员及 2 名装卸工执行卸车任务。约 7 时 20 分，开始装卸第一车。由于火车与汽车槽车约有 4m 高的位差，装卸直接采用自流方式，即用 4 条塑料管（两头橡胶管）分别插入火车和汽车槽车，依靠高度差，使甲苯从火车罐车经塑料管流入汽车罐车。约 8 时 30 分，第一车甲苯约 13.5t 被拉回仓库。约 9 时 50 分，汽车开始装卸第二车。汽车司机将车停放在预定位置后与安全员到离装卸点 20m 的站台上休息，1 名装卸工爬上汽车槽车，接过地上装卸工递上来的装卸管，打开汽车槽车前后 2 个装卸孔盖，在每个装卸孔内放入 2 根自流式装卸管。4 根自流式装卸管全部放进汽车槽罐后，槽车顶上的装卸工因天气太热，便爬下汽车去喝水。人刚走离汽车约 2m 远，汽车槽车靠近尾部的装卸孔突然发生爆炸起火。爆炸冲击波将 2 根塑料管抛出车外，喷洒出来的甲苯致使汽车槽车周边一片大火，2 名装卸工当场被炸死。约 10min 后，消防车赶到。经 10 多分钟的扑救，大火全部扑灭，阻止了事故进一步的扩大，火车槽基本没有受损害，但汽车已全部烧毁。

2. 事故原因分析

① 直接原因是装卸作业没有按规定装设静电接地装置，使装卸产生的静电火花无法及时导出，造成静电积聚过高产生静电火花，引发事故。

② 间接原因高温作业未采取必要的安全措施，因而引发爆炸事故。

据调查，事发时气温超过 35℃。当汽车完成第一车装卸任务并返回火车装卸站时，汽车槽罐内残留的甲苯经途中 30 多分钟的太阳暴晒，已挥发到相当高的浓度，但未采取必要的安全措施，直接灌装甲苯。

没有严格执行易燃、易爆气体灌装操作规程，灌装前槽车通地导线没有接地，也没有检测罐内温度。

3. 事故暴露安全问题

公司安全规章制度不够完整，针对高温天气，公司应明确要求，灌装易燃、易爆危险化学品，除做好静电设施接地外，在第二车装卸前，必须静置汽车槽车 5min 以上或采取罐外水冷却等方式，方可灌装。

二、知识链接

（一） 触电

触电分为电击和电伤两种伤害形式。

1. 电击

电击指电流通过人体或动物躯体而产生的化学效应、机械效应、热效应及生理效应而导致的伤害。

电流通过身体的路径是电击损伤程度的关键。电流进入身体最常见的部位是手，其次是头。电流流出身体的部位绝大多数是脚。由于电流从手臂到手臂或从手臂到脚，都要经过心脏，所以它比从脚到地危险得多。电流经过头部会引起癫痫发作、脑出血、呼吸停止和心理变化（如短期记忆障碍、性格改变、神经过敏和睡眠失调），以及心率紊乱。眼损伤可导致白

内障。

电流通过不同途径的影响：电流通过人体的头部会使人立即昏迷，甚至醒不过来而死亡；电流通过脊髓，会使人半截肢体瘫痪；电流通过中枢神经或有关部位，会引起中枢神经系统强烈失调而导致死亡；电流通过心脏会引起心室颤动，致使心脏停止跳动，造成死亡。因此，电流通过心脏呼吸系统和中枢神经时，危险性最大。实践证明，从左手到脚是最危险的电流途径，因为在这种情况下，心脏直接处在电路内，电流通过心脏、肺部、脊髓等重要器官；从右手到脚的途径其危险性较小，但一般也容易引起剧烈痉挛而摔倒，导致电流通过全身或摔伤。

2. 电伤

电伤指电对人体外部造成的局部伤害，即由电流的热效应、化学效应、机械效应对人体外部组织或器官的伤害，如电灼伤、金属溅伤、电烙印。

触电伤亡事故中，纯电伤性质的及带有电伤性质的约占75%（电烧伤约占40%）。尽管大约85%以上的触电死亡事故是电击造成的，但其中大约70%的含有电伤成分。

电伤的主要种类如下。

（1）电烧伤　一般有接触灼伤和电弧灼伤两种。接触灼伤多发生在高压触电事故时通过人体皮肤的进出口处，灼伤处呈黄色或褐黑色并又累及皮下组织、肌腱、肌肉、神经和血管，甚至使骨骼显碳化状态，一般治疗期较长。电弧灼伤多是由带负荷拉、合刀闸，带地线合闸时产生的强烈电弧引起的，其情况与火焰烧伤相似，会使皮肤发红、起泡烧焦组织，并坏死。

（2）皮肤金属化　由于高温电弧使周围金属熔化、蒸发并飞溅渗透到皮肤表层所形成。皮肤金属化后，表面粗糙、坚硬。根据熔化的金属不同，呈现特殊颜色，一般铅呈现灰黄色，紫铜呈现绿色，黄铜呈现蓝绿色，金属化后的皮肤经过一段时间能自行脱离，不会有不良后果。

（3）电烙印　发生在人体与带电体有良好接触，但人体不被电击的情况下，在皮肤表面留下和接触带电体形状相似的肿块瘢痕，一般不发炎或化脓。瘢痕处皮肤失去原有弹性、色泽，表皮坏死，失去知觉。

（4）机械性损伤　电流作用于人体时，由于中枢神经反射和肌肉强烈收缩等作用导致的机体组织断裂、骨折等伤害。

（5）电光眼　发生弧光放电时，由红外线、可见光、紫外线对眼睛的伤害。

3. 安全电压

根据生产和作业场所的特点，采用相应等级的安全电压，是防止发生触电伤亡事故的根本性措施。《安全电压》（GB 3805—2008）规定我国安全电压额定值的等级为42V、36V、24V、12V和6V，根据作业场所、操作员条件、使用方式、供电方式、线路状况等因素选用。例如，特别危险环境中使用的手持电动工具应采用42V特低电压；有电击危险环境中使用的手持照明灯和局部照明灯应采用36V或24V特低电压；金属容器内、特别潮湿处等特别危险环境中使用的手持照明灯就采用12V特低电压；水下作业等场所应采用6V特低电压。

（二）电气火灾和爆炸

电气火灾和爆炸是由电气引燃源引起的火灾和爆炸。电气装置在运行中产生的危险温度、电火花和电弧是电气引燃源主要形式。在爆炸性气体、爆炸性粉尘环境及火灾危险环境、电气线路、开关、熔断器、插座、照明器具、电热器具、电动机等均可能引起火灾和爆炸。油浸电力变压器、多油断路器等电气设备不仅有较大的火灾危险，还有爆炸的危险。在火灾和爆炸事故中，电气火灾爆炸事故占有很大的比例。

作为火灾和爆炸的电气引燃源，电气设备及装置在运行中产生的危险温度、电火花和电弧是电气火灾爆炸的要因。

1. 危险温度

形成危险温度的典型情况如下。

（1）短路　发生短路时，线路中电流增大为正常时的数倍乃至数十倍，由于载流导体来不及散热，温度急剧上升，除对电气线路和电气设备产生危害外，还形成危险温度。短路的暂态过程会产生很大的冲击电流，在流过设备的瞬间产生很大的电动力，造成电气设备损坏。

电气设备安装和检修中的接线和操作错误，可能引起短路；运行中的电气设备或线路发生绝缘老化、变质；或受过度高温、潮湿、腐蚀作用；或受到机械损伤等而失去绝缘能力，可能导致短路。由于外壳防护等级不够，导电性粉尘或纤维进入电气设备内部，也可能导致短路。因防范措施不到位，小动物、霉菌及其他植物也可能导致短路。由于雷击等过电压、操作过电压的作用，电气设备的绝缘可能遭到击穿而短路。

（2）过载　电气线路或设备长时间过载也会导致温度异常上升，形成引燃源。过载的原因主要有如下几种情况。

① 电气线路或设备设计选型不合理，或没有考虑足够的裕量，以致在正常使用情况下出现过热。

② 电气设备或线路使用不合理，负载超过额定值或连续使用时间过长，超过线路或设备的设计能力，由此造成过热。

③ 设备故障运行造成设备和线路过负载，如三相电动机单相运行或三相变压器不对称运行均可能造成过负载。

（3）漏电　电气设备或线路发生漏电时，因其电流一般较小，不能促使线路上的熔断器的熔丝动作。一般当漏电电流沿线路比较均匀地分布，发热量分散时，火灾危险性不大。而当漏电电流集中在某一点时，可能引起比较严重的局部发热，引燃成灾。

（4）接触不良　电气线路或电气装置中的电路连接部位是系统中的薄弱环节，是产生危险温度的主要部位之一。

电气接头连接不牢、焊接不良或接头处夹有杂物，都会增加接触电阻而导致接头过热。刀开关、断路器、接触器的触点、插销的触头等，如果没有足够的接触压力或表面粗糙不平等。均可能增大接触电阻，产生危险温度。对于铜、铝接头，由于铜和铝的理化性能不同，接触状态会逐渐恶化，导致接头过热。

2. 电火花和电弧

电火花的温度高达数千度，不仅能直接引起可燃物燃烧，还能使金属熔化、飞溅，构成二次火源。刀开关、断路器、接触器、继电器等电器正常工作或正常操作过程中会产生电火花；直流电动机的电刷与换向器的滑动接触处、绕线式异步电动机的电刷与滑环的滑动接触处也会产生电火花；电气设备或电气线路的绝缘发生过电压击穿、发生短路、故障接地以及导线断开或接头松动时，都可能产生电火花或电弧；熔断器的熔体熔断时也会产生危险的电火花或电弧；雷电放电、静电放电、电磁感应放电也都会产生电火花。

（三）静电危害

静电的危害很多，它的第一种危害来源于带电体的互相作用。在印刷厂，纸页之间的静电会使纸页黏合在一起，难以分开，给印刷带来麻烦；在制药厂，由于静电吸引尘埃，会使药品达不到标准的纯度；播放电视时，荧屏表面的静电容易吸附灰尘和油污，形成一层尘埃的薄膜，使图像的清晰程度和亮度降低；在混纺衣服上常见而又不易拍掉的灰尘，也是静电的原因。

研究显示：长期接触电脑的人，体内会积聚很多静电，时间长了可导致色素沉着；而老年人由于皮肤比年轻人相对干燥，加上心血管系统老化、抗干扰能力减弱等因素，更容易受静电的危害，引发心血管疾病。

静电的第二大危害是有可能因静电火花点燃某些易燃物体而发生爆炸。化工企业在生产车间或库房、罐区等处易出现易燃易爆环境，需要采取消除静电危害的技术措施以保障作业环境安全。

一些通用的防静电技术措施如下。

① 所有金属装置、设备管道、储罐等都必须接地，不允许有与地相绝缘的金属设备或金属零部件，亚导体或非导体应作间接地或采用静电屏蔽方法，屏蔽体必须可靠接地。

② 金属设备与设备之间、管道与管道之间，如用金属法兰连接时可不另接跨接线，但必须有两个以上的螺栓连接。

③ 平时不能接地的汽车槽车和槽船，在装卸易燃液体时必须在预设地点按操作规程的要求接地，所用接地材料必须采用在撞击时不会发生火花的材料，装卸工作完毕后必须按规定要求静置一定时间才能拆除接地线。

④ 直径大于 2.5m 或容积大于 $50m^3$ 的大型金属装置，应有两处以上的接地点，较长的输送管道应每隔 80～100m 设一接地点。

人体静电释放柱

静电消除手环

⑤ 装卸和输送易燃液体时，防止静电急剧产生。

⑥ 在设备内正在进行灌装搅拌或循环过程中，禁止检尺取样测温等现场操作。当灌装搅拌或循环停止后，应按操作规程或参照附录要求的静置时间静置一定时间后才能进行下一步工序。

⑦ 不宜采用非金属管输送易燃液体，如必须使用应采用可导电的管子或内设金属丝网的管子并将金属丝网的一端可靠接地或采用静电屏蔽。

⑧ 重点防火防爆岗位的入门处应设人体导除静电装置。

※ 生活中的静电

漆黑的夜晚，人们脱尼龙、睛纶衣服时，会发出火花和"叭叭"的响声，这对人体基本无害。但在手术台上，电火花会引起麻醉剂的爆炸，伤害医生和病人；在煤矿，则会引起瓦斯爆炸，会导致工人死伤，矿井报废；在化工企业，当可燃气体遇到静电火花就会发生爆炸。

当感觉到电击时，人身上的静电电压已超过2000V；当看到放电火花时，身上的静电已经超过3000V，这时手指会有针刺般的痛感；当听到放电的"劈啪"声音时，身上的静电已高达7000～8000V。

（四）爆炸和火灾危险环境的电气装置

1. 危险区域

危险区域，是指爆炸混合物出现或预期可能出现的数量达到足以要求对电气设备的结构、安装和使用采取预防措施的区域。

根据爆炸性气体混合物出现的频繁程度和持续时间将爆炸性气体环境分为0区、1区和2区。

0区——连续出现或长期出现爆炸性气体混合物的环境。

1区——正常运行时可能出现爆炸性气体混合物的环境。

2区——正常运行时不太可能出现爆炸性气体混合物的环境，或即使出现，也仅是短时存在的爆炸性气体混合物的环境。

根据爆炸性粉尘环境出现的频繁程度和持续时间，将爆炸性粉尘环境分为20区、21区和22区。

20区——空气中可燃性粉尘云持续地或长期地或频繁地出现于爆炸性环境的区域。

21区——正常运行时，空气中的可燃性粉尘云很可能偶尔出现于爆炸性环境的区域。

22区——正常运行时，空气中的可燃性粉尘云一般不可能出现于爆炸性粉尘环境中的区域，即使出现，持续时间也是短暂的。

2. 爆炸性物质分类

我国和IEC标准规定要求一样，将爆炸性物质分为三类。

Ⅰ类：矿井甲烷；

Ⅱ类：爆炸性气体混合物（含蒸气、薄雾）（ⅡA：丙烷、ⅡB：乙烯、ⅡC：氢气）；

Ⅲ类：爆炸性粉尘（含纤维）（ⅢA：可燃性飞絮；ⅢB：非导电性粉尘；ⅢC：导电性粉尘）。

3. 防爆电气设备

（1）本质安全型"i" 将暴露于爆炸性气体环境中设备内部和互连导线内的电气能量限

制到低于可能由火花或热效应引起点燃的程度。

（2）正压外壳型"p" 通过保持外壳内部或房间内保护气体的压力高于外部大气压力，以阻止外部爆炸性气体进入的一种型式。

（3）油浸型"o" 将电气设备或电气设备部件浸在保护液中，使设备不能够点燃液面上或外壳外面的爆炸性气体。

（4）"n"型 在正常运行时和本部分规定的一些异常条件下，不能点燃周围爆炸性气体。

（5）隔爆外壳"d" 其外壳能够承受通过外壳任何接合面或结构间隙进入外壳内部的爆炸性混合物在内部爆炸而不损坏，并且不会引起外部由一种、多种气体或蒸气形成的爆炸性气体环境的点燃。

（6）增安型"e" 对电气设备采取一些附加措施，以提高其安全程度，防止在正常运行或规定的异常条件下产生危险温度、电弧和火花的可能性。

4. 爆炸危险环境的电气线路

① 电气线路，应在爆炸危险性较小的环境或远离释放源的地方敷设。并应符合下列规定。

a. 当可燃物质比空气重时，电气线路宜在较高处敷设或直接埋地；架空敷设时宜采用电缆桥架；电缆沟敷设时沟内应充砂，并宜设置排水措施。

b. 电气线路宜在有爆炸危险的建筑物、构筑物的墙外敷设。

c. 在爆炸粉尘环境，电缆应沿粉尘不宜堆积并且易于粉尘清除的位置敷设。

d. 当电气线路沿输送可燃气体或易燃液体的管道栈桥敷设时，管道内的易燃物质比空气重时，电气线路应敷设在管道的上方；管道内的易燃物质比空气轻时，电气线路应敷设在管道的正下方的两侧。

② 敷设电气线路的沟道、电缆桥架或导管，所穿过的不同区域之间墙或楼板处的孔洞应采用非燃性材料严密堵塞。

③ 在1区内电缆线路严禁有中间接头，在2区、20区、21区内不应有中间接头。

④ 在架空、桥架敷设时电缆宜采用阻燃电缆。采用能防止机械损伤的桥架敷设时，塑料护套电缆可采用非铠装电缆。在不存在鼠、虫等损害的2区、22区电缆沟内敷设的电缆，可采用非铠装电缆。

⑤ 爆炸危险环境内采用的低压电缆和绝缘导线，其额定电压必须高于线路的工作电压，且不得低于500V，绝缘导线必须敷设于钢管内。电气工作中性线绝缘层的额定电压，必须与相线电压相同，并必须在同一护套或钢管内敷设。

⑥ 架空线路严禁跨越爆炸性危险环境；架空线路与爆炸性危险环境的水平距离。不应小于杆塔高度的1.5倍。

5. 接地

（1）保护接地措施

① 在爆炸危险环境的电气设备的金属外壳、金属构架、安装在已接地的金属结构上的设备、金属配线管及其配件、电缆保护管、电缆的金属护套等非带电的裸露金属部分，均应接地。

② 在爆炸性环境1区、20区、21区内所有的电气设备，以及爆炸性环境2区、22区内除照明灯具以外的其他电气设备，应增加专用的接地线；该专用接地线若与相线敷设在同一

保护管内时，应具有与相线相同的绝缘水平。

③ 在爆炸性环境 2 区、22 区的照明灯具及爆炸性环境 21 区、22 区内的所有电气设备，可利用有可靠电气连接的金属管线系统作为接地线，但不得利用输送爆炸危险物质的管道。

④ 在爆炸危险环境中接地干线宜在不同方向与接地体相连，连接处不得少于两处。

⑤ 爆炸危险环境中的接地干线通过与其他环境共用的隔墙或楼板时，应采用钢管保护，并做好隔离密封。

⑥ 电气设备及灯具的专用接地线，应单独与接地干线（网）相连，电气线路中的工作零线不得作为保护接地线用。

⑦ 爆炸危险环境内的电气设备与接地线的连接，宜采用多股软绞线，其铜线最小截面积不得小于 $4mm^2$，易受机械损伤的部位应装设保护管。

⑧ 铠装电缆引入电气设备时，其接地线应与设备内接地螺栓连接；钢带及金属外壳应与设备外的接地螺栓连接。

⑨ 爆炸危险环境内接地或接零用的螺栓应有防松装置；接地线紧固前，其接地端子及紧固件，均应涂电力复合脂。

⑩ 火灾危险环境电缆夹层中的每一层电缆桥架明显接地点不应少于两处。

（2）防静电接地的安装　生产、储存和装卸液化石油气、可燃气体、易燃液体的设备、储罐、管道、机组和利用空气干燥、掺和、输送易产生静电的粉状、粒状的可燃固体物料的设备、管道，以及可燃粉尘的袋式集尘设备，其防静电接地的安装，应符合下列规定。

① 设备的接地装置与防止直接雷击的独立避雷针的接地装置应分开设置，与装设在建筑物上防止直接雷击的避雷针的接地装置可合并设置；防静电的接地装置、防感应雷和电气设备的接地装置可共同设置，其接地电阻值应符合防感应雷接地和电气设备接地的规定；只作防静电的接地装置，每一处接地体的接地电阻值应符合设计规定。

② 设备、机组、储罐、管道等的防静电接地线，应单独与接地体或接地干线相连，除并列管道外不得互相串联接地。

③ 防静电接地线的安装，应与设备、机组、储罐等固定接地端子或螺栓连接，连接螺栓不应小于 M10，并应有防松装置和涂以电力复合脂。当采用焊接端子连接时，不得降低和损伤管道强度。

④ 当金属法兰采用金属螺栓或卡子相紧固时，可不另装跨接线。在腐蚀环境安装前，应有两个及以上螺栓和卡子之间的接触面去锈和除油污，并应加装防松螺母。

⑤ 当爆炸危险区内的非金属构架上平行安装的金属管道相互之间的净距离小于 100mm 时，宜每隔 20m 用金属线跨接；金属管道相互交叉的净距离小于 100mm 时，应采用金属线跨接。

⑥ 容量为 $50m^3$ 及以上的储罐，其接地点不应少于两处，且接地点的间距不应大于 30m，并应在罐体底部周围对称与接地体连接，接地体应连接成环形的闭合回路。

⑦ 易燃或可燃液体的浮动式储罐，在无防雷接地时，其罐顶与罐体之间应采用铜软线作不少于两处跨接，其截面不应小于 $25mm^2$，且其浮动式电气测量装置的电缆，应在引入储罐处将铠装、金属外壳可靠地与罐体连接。

⑧ 钢筋混凝土的储罐或贮槽，沿其内壁敷设的防静电接地导体，应与引入的金属管道及电缆的铠装、金属外壳连接，并应引至罐、槽的外壁与接地体连接。

⑨ 非金属的管道（非导电的）、设备等，其外壁上缠绕的金属丝网、金属带等，应紧贴

其表面均匀地缠绕，并应可靠地接地。

⑩ 可燃粉尘的袋式集尘设备，织入袋体的金属丝的接地端子应接地。

⑪ 皮带传动的机组及其皮带的防静电接地刷、防护罩，均应接地。

⑫ 引入爆炸危险环境的金属管道、配线的钢管、电缆的铠装及金属外壳，必须在危险区域的进口处接地。

■ 知识拓展

触电后脱离电源的方法有哪些？

人触电以后，可能由于痉挛而抓紧带电体，不能自行摆脱电源。使触电人尽快脱离电源的方法很多，应根据现场具体情况来决定。

◎脱离低压电源的方法

（1）拉闸断电　触电附近地点有电源开关或插销的，可立即拉开开关或拔下插头，断开电源。但应注意，拉线开关、平开关等只能控制一根线，有可能只切断了零线，而不能断开电源。

（2）切断电源线　如果触电附近没有或一时找不到电源开关或插销，则可用电工绝缘钳或干燥木柄铁锹、斧子等切断电线断开电源。断线时应做到一相一相切断，在切断护套线时应防止短路弧光电流伤人。

（3）用绝缘物品脱离电源　当电线或带电体搭落在触电人身上或被压在身下时，可用干燥的衣物、手套、绳索、木板、木棍等绝缘物品作为救护工具，挑开电线或拉开触电者，使之脱离电源。

◎脱离高压电源的方法

（1）拉闸停电　对高压触电立即拉闸停电救人。在高压配电室内触电，马上拉开断路器；高压配电室外触电，则应立即通知配电室值班人员紧急停电，值班人员停电后，立即向上级报告。

（2）短路法　当无法通知拉闸断电时，可以采用抛掷金属导体的方法，使线路短路迫使保护装置动作而断开电源。高空抛掷要注意防火，抛掷点尽量远离触电着，并且要二次以上。

【安全用电十大禁令】

① 严禁私拉乱接电线。

② 严禁指派无证电工管电。

③ 严禁金属外壳无接地（或接零）装置的用电设备投入运行。

④ 严禁在高压电线下建楼房和堆放易燃易爆物品。

⑤ 严禁私设电网。

⑥ 严禁带电修理电气设备。

⑦ 严禁带电移动电气设备。

⑧ 严禁随意停、送电。

⑨ 严禁用铝线、铁线、普通钢线代替保险丝，保险丝规格应与电气设备的容量匹配，

严禁随意换大或调小。

⑩ 严禁现场抢救触电者打强心针，抢救触电者应首先迅速拉断电源，然后进行正确的人工呼吸。

第三节　化工企业作业安全

一、典型事故案例

【案例一】 鄂尔多斯市××化工有限公司"11·24"窒息死亡较大生产安全事故

1. 事故基本情况

2014 年 11 月 24 日下午 14 时许，××化工公司合成车间副主任陈××安排净化操作工刘××、宋××前往低温甲醇洗装置污甲醇罐（V3110）所在地池旁，使用麻绳连接小铁皮桶从低温甲醇洗装置污甲醇罐（V3110）所在地池内往外吊水（人员在低温甲醇洗装置污甲醇罐地池旁的地面上作业，不进入地池）。14 时 40 分乔××到池边帮宋××吊水，14 时 50 分宋××去办理检修票离开作业现场。15 时 40 分时，合成车间技术员刘××（1）、操作工张××、高××陆续过来帮忙吊水。16 时左右，刘××（1）让刘××（2）和乔磊去泵房歇息，刘××（2）、乔×随即返回东侧甲醇泵房内休息。约 16 时 10 分，高××跑进泵房向刘××（2）、乔×呼救。乔×、刘××（2）一前一后跑出。当刘××（2）跑到低温甲醇洗装置污甲醇罐（V3110）地池内操作平台时，看到乔×已经下到地池拽高××。刘××（2）随即也下去站在废甲醇罐的操作平台上准备帮忙，当发现乔×也已倒下时，意识到可能是氮气超限，立即爬出地池向车间副主任陈××报告。陈××通知调度救援，刘××（2）同时迅速奔跑至合成外操巡检室内取空气呼吸器。甲醇合成工段班长路××（1）、合成车间设备技术员路××闻讯立即取出空气呼吸器前往现场，与接到通知赶到现场的安全环保部王×、赵××、吴×等五人佩戴空气呼吸器下地池底部实施救援，使用绳子将刘××（2）、乔×、高××、张××陆续拉出。地面人员对其进行心肺复苏，后送往医院救治，经抢救无效 4 人死亡。

2. 事故暴露安全问题

① 该公司低温甲醇洗装置，污甲醇罐（V3110）内用氮气吹扫干燥与清理地下槽交叉作业，且作业期间未设置警示标志，现场无专人组织协调，安全管理混乱。组织员工在涉危区域作业，未告知其危害。

② 该公司安全培训和应急救援培训流于形式，一线员工不具备相应的安全知识和应急能力，盲目施救导致事故扩大，死亡人员增加。

【案例二】 江苏××化工建设工程有限公司"10.19"中毒窒息死亡事故

1. 事故基本情况

10 月 19 日 14 时 40 分左右，江苏省镇江市××集团甲醇厂员工在气化工段真空黑水冷却分离罐内进行清灰作业时发生一氧化碳中毒事故，造成 3 名作业人员死亡。

2. 事故暴露安全问题

进入化工设备受限空间作业前，要对受限空间进行完全有效隔绝充分清洗置换，不仅要对受限空间内的氧含量进行定量检测，也要对有毒有害气体含量、可燃气体含量进行定量分析，合格后方能进行作业。

【案例三】 平度市"7.18"青岛×××化工股份有限公司机械伤害事故

1. 事故基本情况

青岛×××化工股份有限公司属于一般化工生产企业，该公司共有生产车间三个：分别为硫酸镁车间、间双车间和一四酸车间。发生事故的为硫酸镁生产车间压滤岗位，该生产车间分为中和、压滤、降温结晶、离心和烘干包装四个生产岗位。2015 年 7 月 18 日 6 时 03分左右，在公司硫酸镁车间压滤岗位，当班压滤机主操作苗××跟副操作王××说他下去到一层操作台去看一下液位表情况，苗××从三层操作台到达一层后大约六七分钟，突然听到三层操作台蒸汽管道有漏气声音，其回头向上看到三层操作台 400 压滤机旁边的蒸汽管道爆裂喷出大量蒸汽，苗××当时就很奇怪，觉得王××就在三层操作台，蒸汽管道爆裂了为什么不关闭蒸汽阀门？他随即跑向三层操作台将蒸汽阀门关闭。从一层跑到三层工作台期间，苗××就一直没有看到王××，他就怀疑王××是不是进入洗渣槽中去了。苗××随即又从三层操作台跑到一层关闭了洗渣槽搅拌机后跑回二层工作台，打开洗渣槽西侧推拉门，看到王××挂在槽底最东边的搅拌机上。苗××随即跑到车间一层向当班班长孙××报告，孙××当即召集了车间七八名工人赶到二层洗渣槽进行救援，同时用电话向车间主任曹××进行了汇报。6 时 50 分左右，王××被从二层洗渣槽内捞出并抬至车间一层，经 120 急救人员现场确认王俊杰已经死亡。

2. 事故暴露安全问题

对洗渣槽积料进行清理该公司有严格的安全操作规程，"洗渣槽积料，清理前需将搅拌机停止并通知当班电工将电源切断，确认无误后方可进行作业；用蒸汽或热水冲洗积料使之溶解，操作时需两人配合并使用安全带，安全带要拴在牢固处"的要求情况下，走捷径、图省事，擅自在未停止搅拌机、未断电、未系安全带、未向主操作报告的情况下，独自一人进入洗渣槽对积料进行清理，伸入洗渣槽冲洗积料的蒸汽胶管被正在运转的 4 号搅拌机缠绕将其拽入洗渣槽后被搅拌机挤压致死。王俊杰违章作业是导致事故发生的直接原因。

【案例四】 山西临汾××焦化公司 4.26 煤气爆炸事故

1. 事故基本情况

2014 年 4 月 26 日 12 时 30 分左右，山西省临汾市安泽县××煤焦化有限责任公司检修过程中发生煤气爆炸事故，造成 4 人死亡、31 人受伤（其中 8 人重伤）。

2. 事故暴露安全问题

盲板安装错位，并且未完全紧固，煤气渗漏，检修作业现场（密闭厂房）煤气富集，作业监护人员和安全管理人员随身携带的便携式可燃气体报警仪报警，但未引起重视，检修过程中机械作业产生的火花引爆煤气。因 3 项检修作业同时进行，致使伤亡较大。

二、知识链接

（一）机械伤害

机械伤害是机械设备操作过程中常见的事故之一。机械伤害，指机械设备与工具引起的绞、碾、碰、割、戳、切等伤害，即刀具飞出伤人，手或身体其他部位卷入，手或其他部位被刀具碰伤，被设备的转动机构缠住等造成的伤害。

运动机械都可造成伤害，齿轮、皮带轮、卡盘、联轴节等都是做旋转运动的。旋转运动造成人员伤害的主要形式是卷带、绞碾、挤压和物体打击。操作人员的手套、衣服、领带以及长辫长发，若与旋转部件接触，则易被卷进或带入机器。

机械设备零部件做直线运动亦可造成人的伤害。企业中用于金属成型的冲床、剪板机、刨床等都是做直线运动的。它们造成的伤害事故主要有撞击、刺割、砸压等。

我违章作业，后果惨痛，你们可千万不要学我呀！

1. 造成机械伤害事故的原因

从安全系统工程学的角度来看，造成机械伤害的原因可以从人、机、环境三个方面进行分析。人、机、环境三个方面中的任何一个出现缺陷，都有可能引起机械伤害事故的发生。

（1）人的不安全行为　大致分为操作失误和误入危区两种情况。

① 操作失误的主要原因有如下。

a. 机械产生的噪声使操作者的知觉和听觉麻痹，导致不易判断或判断错误，从而依据错误或不完整的信息操纵或控制机械造成失误；

b. 机械的显示器、指示信号等显示失误使操作者误操作；

c. 控制与操纵系统的识别性、标准化不良而使操作者产生操作失误；

d. 时间紧迫致使没有充分考虑而处理问题；

e. 缺乏对动机械危险性的认识而产生操作失误；

f. 技术不熟练，操作方法不当。

② 误入危区的主要原因如下。

a. 操作机器的变化，如改变操作条件或改进安全装置时；

b. 图省事、走捷径的心理，对熟悉的机器，会有意省掉某些程序而误入危区；

c. 条件反射下忘记危区；

d. 单调的操作使操作者疲劳而误入危区；

e. 由于身体或环境影响造成视觉或听觉失误而误入危区；

f. 错误的思维和记忆，尤其是对机器及操作不熟悉的新工人容易误入危区；

g. 指挥者错误指挥，操作者未能抵制而误入危区；

h. 信息沟通不良而误入危区。

（2）机械的不安全状态

① 设计不当致机械不符合安全要求，机械故障，防护及安全装置失灵等。

② 安全防护设施不健全或形同虚设。主要有以下几种情况：

a. 无安全防护设施；

b. 机械设备安全防护设施损坏；

c. 解除了机械设备安全防护设施；

d. 作业人员未按要求使用安全防护设施。

（3）环境的不安全因素　噪声干扰、照明光线不良、无通风、温湿度不当、场地狭窄、布局不合理等。

2. 预防机械伤害事故的措施

预防机械伤害包括以下两方面。

一是提高操作者或人员的安全素质，进行安全培训，提高辨别危险和避免伤害的能力，增强避免伤害的自觉性，对危险部位进行警示和标志；

二是消除产生危险的原因，减少或消除接触机器的危险部位的次数，采取安全防护装置避免接近危险部位，注意个人防护，实现安全机械的本质安全。

（1）加强操作人员的安全管理

① 建立健全安全操作规程和规章制度。

② 抓好"三级"安全教育和业务技术培训、考核。提高安全意识和安全防护技能。做到"四懂"和"三会"（懂原理、懂构造、懂性能、懂工艺流程；会操作、会保养、会排除故障）。

③ 正确穿戴个人防护用品。

④ 按规定进行安全检查或巡回检查。

⑤ 严格遵守劳动纪律，杜绝违章操作或习惯性违章。

（2）注重机械设备的基本安全要求

① 关键要抓设备结构设计合理，严格执行标准。在设计过程中，对操作者容易触及的可转动零部件应尽可能封闭，对不能封闭的零部件必须配置必要的安全防护装置：

a. 对运行中的生产设备或零部件超过极限位置，应配置可靠的限位、限速装置和防坠落、防逆转装置；

b. 对电气线路要有防触电、防火警装置；

c. 对工艺过程中会产生粉尘和有害气体或有害蒸汽的设备，应采用自动加料、自动卸料装置，并要有吸入、净化和排放装置；

d. 对有害物质的密闭系统，应避免跑、冒、滴、漏，必要时应配置检测报警装置；对生产剧毒物质的设备，应有渗漏应急救援措施等。

② 机械设备的布局要合理。按有关规定，设备布局应达到以下要求。

a. 机械设备间距：小型设备不小于0.7m；中型设备不小于1m；大型设备不小于2m。

b. 设备与墙、柱间距：小型设备不小于0.7m；中型设备不小于0.8m；大型设备不小于0.9m。

c. 操作空间：小型设备不小于0.6m；中型设备不小于0.7m；大型设备不小于1.1m。

d. 高于2m的运输线有牢固的防护罩。

③ 提高机械设备零部件的安全可靠性。

a. 合理选择结构、材料、工艺和安全系数。

b. 操纵器必须采用联锁装置或保护措施。

c. 必须设置防滑、防坠落及预防人身伤害的防护装置，如限位装置、限速装置、防逆转装置、防护网等。

d. 必须有安全控制系统，如配置自动监控系统、声光报警装置等。

e. 设置足够数量、且形状有别于一般的紧急开关。

④ 加强危险部位的安全防护。对各种机械的传动带、明齿轮、接近地面的联轴节、皮带轮、飞轮等易伤人体的部位都必须有完好的防护设施。投入运行的机械设备，必须按规定进行维护保养，不合格的机械设备不得使用。为了避免出现人身事故，应有可迅速停车的装置。操作人员要按有关要求穿戴防护用品。

a. 皮带轮。安装皮带轮要注意松紧程度，装得太紧，致使皮带拉断，装得太松会影响机器正常转动。对于皮带传动的防护有两种方法：一是用防护罩将皮带安全遮盖；二是使用栅档防护，使皮带在转动中避免人体与皮带轮的危险部位接触。

b. 齿轮。在齿轮传动中最危险处是齿轮啮合部位，以及齿轮的轮辐间的空隙处，为了避免齿轮传动所发生的危险必须装有防护罩，将齿轮全部遮盖封闭。

c. 链传动。链传动的危险部位是在链条进入链轮之处，在距离地面 2m 以内并露在机座以外的链条传动系统，均应装设防护罩。

d. 轴。所有凸出于轴面或是不平滑的附体，如键、固定螺钉等，露头固定螺钉尤其有害，在生产中，有可能将人的衣服卷住，而发生伤害，因此必须安装防护轴套。对于转动轴在离开地面高度 2m 以内，除置于机器内部者外，其余露出部分必须全部加以遮盖，防护。

e. 联轴器。转动轴的联轴器所发生的危险基本与轴相类似，但其严重程度比轴更大，因表面光洁度比轴差。安全的联轴器必须无凸出的不平整部分，螺栓头及螺母均应埋头在联轴器内。总之联轴器在转动中，有可能发生危险的部位，都必须有挡板罩盖等防护措施。

【预防机械伤害事故的十项安全措施】

① 检修机械必须严格执行断电挂禁止合闸警示牌和设专人监护的制度。机械断电后，必须确认其惯性运转已彻底消除后才可进行工作；机械检修完毕，试运转前，必须对现场进行细致检查，确认机械部位人员全部彻底撤离才可取牌合闸；检修试车时，严禁有人留在设备内进行点车。

② 对人手直接频繁接触的机械，必须有完好的紧急制动装置。

紧急制动按钮位置必须使操作者在机械作业活动范围内随时可触及到；机械设备各传动部位必须有可靠的防护装置；各人孔、投料口、螺旋输送机等部位必须有盖板、护栏和警示牌；作业环境保持整洁卫生。

③ 各机械开关布局必须合理，必须符合规定标准。便于操作者紧急停车；避免误开动其他设备。

④ 对机械进行清理积料、捅卡料、上皮带蜡等作业，应遵守停机断电挂警示牌制度。

⑤ 严禁无关人员进入危险因素大的机械作业现场，非本机械作业人员因事必须进入的，要先与当班机械作业者取得联系，有安全措施才可同意进入。

⑥ 操作各种机械人员必须经过专业培训，能掌握该设备性能的基础知识，经考试合格，持证上岗，上岗作业中，必须精心操作，严格执行有关规章制度，正确使用劳动防护用品，严禁无证人员开动机械设备。

⑦ 操作前应对机械设备进行安全检查，先空车运转，确认正常后，再投入使用。

⑧ 机械设备在运转时，严禁用手调整；不得用手测量零件或进行润滑、清扫杂物等。

⑨ 机械设备运转时，操作者不得离开工作岗位。

⑩ 工作结束后，应关闭开关。

（二）高处作业

在距坠落基准面 2m 及 2m 以上有可能坠落的高处进行的作业。作业高度为从作业位置到坠落基准面的垂直距离。高处作业高度分为 2～5m、5～15m、15～30m 及 30m 以上四个区段。

1. 高处作业分级

不存在下述的任一种客观危险因素的高处作业按 A 类法分级，存在一种或一种以上客观危险因素的一种客观危险因素按 B 类法分级，如表 2-3 所示。

表 2-3 高处作业分级

分类法	高处作业高度 h_w/m			
	$2 \leqslant h_w \leqslant 5$	$5 < h_w \leqslant 15$	$15 < h_w \leqslant 30$	$h_w > 30$
A	I	II	III	IV
B	II	III	IV	IV

其他类型高处作业，如在无平台、无护栏的塔、釜、炉、罐等化工容器、设备及架空管道上进行的高处作业，在塔、釜、炉、罐等设备内进行的高处作业等分类见附表《安全作业证的办理和审批的内容》。

直接引起坠落的客观危险因素分为以下 11 种。

① 阵风风力五级（风速 8.0m/s）以上。

② 国家规定的三级或三级以上的高温作业。

③ 平均气温等于或低于 5℃ 的作业环境。

④ 接触冷水温度等于或低于 12℃ 的作业。

⑤ 作业场地有冰、雪、霜、水、油等易滑物。

⑥ 作业场所光线不足，能见度差。

⑦ 作业活动范围与危险电压带电体的距离小于表 2-4 规定。

表 2-4 高处作业活动范围与危险电压带电体的距离

危险电压带电体电压等级/kV	≤10	35	63-110	220	330	500
距离/m	1.7	2.0	2.5	4.0	5.0	6.0

⑧ 摆动，立足处不是平面或只有很小的平面，即任一边小于 500mm 的矩形平面、直径小于 500m 的圆形平面或具有类似尺寸的其他开关的平面，致使作业者无法维持正常姿势。

⑨ GB 3869—1997《体力劳动强度分级》规定的三级或三级以上的体力劳动强度。

⑩ 存在有毒气体或空气中含氧量低于 0.195 的作业环境。

⑪ 可能会引起各种灾害事故的作业环境和抢救突然发生的各种灾害事故。

2. 高处作业安全要求

① 必须办理《高处安全作业证》，落实安全防护措施，方可施工。

②《高处安全作业证》审批人员赴高处作业现场，检查确认安全措施后，方可批准高处作业。

③ 高处作业人员必须经安全教育，熟悉现场环境和施工安全要求。对患有职业禁忌证和年老体弱、疲劳过度、视力不佳及酒后人员等，不准进行高处作业。

④ 高处作业前，作业人员应查验《高处安全作业证》，检查确认安全措施落实后，方可施工，否则有权拒绝施工作业。

⑤ 高处作业人员要按照规定穿戴劳动保护用品，作业前要检查、作业中要正确使用防

坠落用品与登高器具、设备。

⑥ 高处作业应设监护人对高处作业人员进行监护，监护人应坚守岗位。

3. 高处作业安全防护

① 高处作业前，要制订安全措施，并填入《高处安全作业证》内。

② 不符合高处作业安全要求的材料、器具、设备不得使用。

③ 高处作业所使用的工具、材料、零件等必须装入工具袋，上下时手中不得持物；不准投掷工具、材料及其他物品；易滑动、易滚动的工具、材料堆放在脚手架上时，应采取措施，防止坠落。

④ 在化学危险物品生产、储存场所或附近有放空管线的位置作业时，应事先与车间负责人或工长（值班主任）取得联系，建立联系信号，并将联系信号填入《高处安全作业证》备注栏内。

⑤ 登石棉瓦、瓦棱板等轻型材料作业时，必须铺设牢固的脚手板，并加以固定，脚手板上要有防滑措施。

⑥ 高处作业与其他作业交叉进行时，必须按指定的路线上下，禁止上下垂直作业，若必须垂直进行作业时，须采取可靠的隔离措施。

⑦ 高处作业应与地面保持联系，根据现场情况配备必要的联络工具，并指定专人负责联系。

⑧ 在采取地（零）电位或等（同）电位作业方式进行带电高处作业时，必须使用绝缘工具或穿均压服。

【高处作业六不准】

1. 不准上抛下掷物件；
2. 不准背向下扶梯；
3. 不准穿拖鞋、凉鞋、高跟鞋；
4. 不准嬉闹睡觉；
5. 不准身体靠在临时扶手或栏杆上；
6. 不准在安全带未挂牢时作业。

【高处作业十不登高】

1. 精神不振、情绪不稳定不登高；
2. 患有禁忌症不登高；
3. 未经认可和审批的不登高；
4. 没戴好安全帽、没系牢安全带不登高；
5. 脚手架、跳板、梯子不符合安全要求不登高；
6. 穿易滑、携带笨重物件不登高；
7. 石棉瓦、玻璃瓦上无垫脚板不登高；
8. 高压线无隔离措施不登高；

9. 照明不足不登高；

10. 酒后不登高。

（三）吊装作业

利用各种吊装机具将设备、工件、器具、材料等吊起，使其发生位置变化的作业过程。

1. 吊装作业分级

吊装作业按照吊装重物质量 m 不同分为：

① 一级吊装作业：$m>100t$；

② 二级吊装作业：$40t \leqslant m \leqslant 100t$；

③ 三级吊装作业：$m<40t$。

2. 吊装作业安全要求

① 吊装作业人员必须持有特殊工种作业证。吊装重量大于 10t 的物体须办理《吊装作业许可证》。

② 吊装重量大于等于 40t 的物体和土建工程主体结构，应编制吊装施工方案。吊物虽不足 40t，但形状复杂、刚度小、长径比大、精密贵重，施工条件特殊的情况下，也应编制吊装施工方案。吊装施工方案经施工主管部门和安全技术部门审查，报主管厂长或总工程师批准后方可实施。

③ 各种吊装作业前，应预先在吊装现场设置安全警戒标志并设专人监护，非施工人员禁止入内。

④ 吊装作业中，夜间应有足够的照明，室外作业遇到大雪、暴雨、大雾及六级以上大风时，应停止作业。

⑤ 吊装作业人员必须佩戴安全帽，高处作业时必须遵守相关规定。

⑥ 吊装作业前，应对起重吊装设备、钢丝绳、揽风绳、链条、吊钩等各种机具进行检查，必须保证安全可靠，不准带病使用。

⑦ 吊装作业时，必须分工明确、坚守岗位，并按 GB 5082 规定的联络信号，统一指挥。

⑧ 严禁利用管道、管架、电杆、机电设备等做吊装锚点。未经机动、建筑部门审查核算，不得将建筑物、构筑物作为锚点。

⑨ 吊装作业前必须对各种起重吊装机械的运行部位、安全装置以及吊具、索具进行详细的安全检查，吊装设备的安全装置要灵敏可靠。吊装前必须试吊，确认无误方可作业。

⑩ 任何人不得随同吊装重物或吊装机械升降。在特殊情况下，必须随之升降的，应采取可靠的安全措施，并经过现场指挥人员批准。

⑪ 吊装作业现场如需动火，应遵守动火的规定。吊装作业现场的吊绳索、揽风绳、拖拉绳等要避免同带电线路接触，并保持安全距离。

⑫ 用定型起重吊装机械（履带吊车、轮胎吊车、桥式吊车等）进行吊装作业时，除遵守本标准外，还应遵守该定型机械的操作规程。

⑬ 吊装作业时，必须按规定负荷进行吊装，吊具、索具经计算选择使用，严禁超负荷运行。所吊重物接近或达到额定起重吊装能力时，应检查制动器，用低高度、短行程试吊后，再平稳吊起。

⑭ 悬吊重物下方严禁站人、通行和工作。

⑮ 必须按《吊装作业许可证》上填报的内容进行作业，严禁涂改、转借《吊装作业许

可证》，变更作业内容，扩大作业范围或转移作业部位。

⑯ 对吊装作业审批手续不全，安全措施不落实，作业环境不符合安全要求的，作业人员有权拒绝作业。

【吊装作业十不吊】

1. 指挥信号不明不准吊。

2. 斜牵斜拉不准吊。

3. 被吊物重量不明或超负荷不准吊。

4. 散物捆扎不牢或物料装放过满不准吊。

5. 吊物上有人不准吊。

6. 埋在地下物不准吊。

7. 机械安全装置失灵不准吊。

8. 现场光线暗看不清吊物起落点不准吊。

9. 棱刃物与钢丝绳直接接触无保护措施不准吊。

10. 六级以上强风不准吊。

（四）受限空间作业

受限空间指进出口受限，通风不良，可能存在易燃易爆、有毒有害物质或缺氧，对进入人员的身体健康和生命安全构成威胁的封闭、半封闭设施及场所，如反应器、塔、釜、槽、罐、炉膛、锅筒、管道以及地下室、窨井、坑（池）、下水道或其他封闭、半封闭场所。

1. 受限空间分类

（1）密闭设备 如船舱、储罐、车载槽罐、反应塔（釜）、冷藏箱、压力容器、管道、烟道、锅炉等。

（2）地下有限空间 如地下管道、地下室、地下仓库、地下工程、暗沟、隧道、涵洞、地坑、废井、地窖、污水池（井）、沼气池、化粪池、下水道等。

（3）地上有限空间 如储藏室、酒糟池、发酵池、垃圾站、温室、冷库、粮仓、料仓等。

2. 受限空间作业危险性

（1）中毒危害 有限空间容易积聚高浓度有害物质，有害物质可以是原来就存在于有限空间的也可以是作业过程中逐渐积聚的。

（2）缺氧危害 空气中氧浓度过低会引起缺氧。

（3）燃爆危害 空气中存在易燃、易爆物质，浓度过高遇火会引起爆炸或燃烧。

（4）其他危害 其他任何威胁生命或健康的环境条件，如坠落、溺水、物体打击、电击等。

3. 受限空间作业安全要求

① 按照先检测、后作业的原则，凡要进入有限空间危险作业场所作业，必须根据实际情况事先测定其氧气、有害气体、可燃性气体、粉尘的浓度，符合安全要求后，方可进入。在未准确测定氧气、有害气体、可燃性气体、粉尘的浓度前，严禁进入该作业场所。

② 确保有限空间危险作业现场的空气质量。氧气含量应在 18%～21%，在富氧环境下不应大于 23.5%。其有害有毒气体、可燃气体、粉尘容许浓度必须符合国家标准的安全要求。

③ 在有限空间危险作业进行过程中，应加强通风换气，严禁用纯氧进行通风换气，在氧气浓度、有害气体、可燃性气体、粉尘的浓度可能发生变化的危险作业中应保持必要的测定次数或连续检测。

④ 作业时所用的一切电气设备，必须符合有关用电安全技术操作规程。照明应使用安全矿灯或 36V 以下的安全灯，使用超过安全电压的手持电动工具时，必须按规定配备漏电保护器。

⑤ 发现可能存在有害气体、可燃气体时，检测人员应同时使用有害气体检测仪表、可燃气体测试仪等设备进行检测。

⑥ 检测人员应佩戴隔离式呼吸器，严禁使用氧气呼吸器。

⑦ 有可燃气体或可燃性粉尘存在的作业现场，所有的检测仪器，电动工具，照明灯具等，必须使用符合 GB 50058—2014 要求的防爆型产品。

⑧ 对由于防爆、防氧化不能采用通风换气措施或受作业环境限制不易充分通风换气的场所，作业人员必须配备并使用空气呼吸器或软管面具等隔离式呼吸保护器具。

⑨ 作业人员进入有限空间危险作业场所作业前和离开时应准确清点人数。

⑩ 进入有限空间危险作业场所作业，作业人员与监护人员应事先规定明确的联络信号。

⑪ 如果作业场所的缺氧危险可能影响附近作业场所人员的安全时，应及时通知这些作业场所的有关人员。

⑫ 严禁无关人员进入有限空间危险作业场所，并应在醒目处设置警示标志。

⑬ 在有限空间危险作业场所，必须配备抢救器具，如呼吸器具、梯子、绳缆以及其他必要的器具和设备，以便在非常情况下抢救作业人员。

⑭ 在密闭容器内使用二氧化碳或氩气进行焊接作业时，必须在作业过程中通风换气，确保空气符合安全要求。

⑮ 当作业人员在与输送管道连接的密闭设备（如油罐、反应塔、储罐、锅炉等）内部作业时必须严密关闭阀门，装好盲板，并在醒目处设立禁止启动的标志。

⑯ 当作业人员在密闭设备内作业时，一般打开出入口的门或盖，如果设备与正在抽气或已经处于负压的管路相通时，严禁关闭出入口的门或盖。

知识拓展

受限空间作业气体浓度检测要求有哪些？

① 作业前 30min 内，应对受限空间进行气体采样分析，分析合格后方可进入；如现场条件不允许，时间可适当放宽，但不应超过 60min。

② 监测点应有代表性，容积较大的受限空间，应对上、中、下各部位进行监测分析。

③ 分析仪器应在校验有效期内，使用前应保证其处于正常工作状态。

④ 监测人员深入或探入受限空间监测时应采取作业规定的个体防护措施。

⑤ 作业中应定时监测，至少每2h监测一次，如监测分析结果有明显变化，应立即停止作业，撤离人员，对现场进行处理，分析合格后方可恢复作业。

⑥ 对可能释放有害物质的受限空间，应连续监测，情况异常时应立即停止作业，撤离人员，对现场进行处理，并取样分析合格后方可恢复作业。

⑦ 涂刷具有挥发性溶剂的涂料时，应做连续分析，并采取强制通风措施。

⑧ 作业中断时间超过60min时，应重新进行取样分析。

【受限空间安全作业五条规定】

① 必须严格实行作业审批制度，严禁擅自进入有限空间作业。

② 必须做到"先通风、再检测、后作业"，严禁通风、检测不合格作业。

③ 必须配备个人防中毒窒息等防护装备，设置安全警示标识，严禁无防护监护措施作业。

④ 必须对作业人员进行安全培训，严禁教育培训不合格上岗作业。

⑤ 必须制定应急措施，现场配备应急装备，严禁盲目施救。

（五）动火作业

动火作业是指直接或间接产生明火的工艺设备以外的禁火区内可能产生火焰、火花或炽热表面的非常规作业，如使用电焊、气焊（割）、喷灯、电钻、砂轮等进行的作业。

1. 作业分级

固定动火区外的动火作业一般分为二级动火、一级动火、特殊动火三个级别，遇节日、假日或其他特殊情况，动火作业应升级管理（注：企业应划定固定动火区及禁火区）。

（1）二级动火作业　除特殊动火作业和一级动火作业以外的动火作业。凡生产装置或系统全部停车，装置经清洗、置换、分析合格并采取安全隔离措施后，可根据其火灾、爆炸危险性大小，经所在单位安全管理部门批准，动火作业可按二级动火作业管理。

（2）一级动火作业　在易燃易爆场所进行的除特殊动火作业以外的动火作业。厂区管廊上的动火作业按一级动火作业管理。

（3）特殊动火作业　在生产运行状态下的易燃易爆生产装置、输送管道、储罐、容器等部位上及其他特殊危险场所进行的动火作业，带压不置换动火作业按特殊动火作业管理。

2. 动火作业安全要求

① 动火作业应有专人监火，作业前应清除动火现场及周围的易燃物品，或采取其他有效安全防火措施，并配备消防器材，满足作业现场应急需求。

② 动火点周围或其下方的地面如有可燃物、空洞、窨井、地沟、水封等，应检查分析

并采取清理或封盖等措施；对于动火点周围有可能泄漏易燃、可燃物料的设备，应采取隔离措施。

③ 凡在盛有或盛装过危险化学品的设备、管道等生产、储存设施及处于 GB 50016、GB 50160、GB 50074 规定的甲、乙类区域的生产设备上动火作业，应将其与生产系统彻底隔离，并进行清洗、置换，分析合格后方可作业；因条件限制无法进行清洗、置换而确需动火作业时按相关规定执行。

④ 拆除管线进行动火作业时，应先查明其内部介质及其走向，并根据所要拆除管线的情况制定安全防火措施。

⑤ 在有可燃物构件和使用可燃物做防腐内衬的设备内部进行动火作业时，应采取防火隔绝措施。

⑥ 在生产、使用、储存氧气的设备上进行动火作业时，设备内氧含量不应超过23.5%。

⑦ 动火期间距动火点 30m 内不应排放可燃气体；距动火点 15m 内不应排放可燃液体；在动火点 10m 范围内及动火点下方不应同时进行可燃溶剂清洗或喷漆等作业。

⑧ 铁路沿线 25m 以内的动火作业，如遇装有危险化学品的火车通过或停留时，应立即停止。

⑨ 使用气焊、气割动火作业时，乙炔瓶应直立放置，氧气瓶与乙炔瓶间距不应小于5m，二者与作业地点间距不应小于 10m，并应设置防晒设施。

⑩ 作业完毕应清理现场，确认无残留火种后方可离开。

⑪ 五级风以上（含五级）天气，原则上禁止露天动火作业。因生产确需动火，动火作业应升级管理。

3. 动火作业票的使用管理

（1）办理程序和使用要求

① 由申请动火单位指定动火项目负责人办理，项目逐项填写，不得空项。

② 动火负责人持办理好的《动火证》到现场，检查动火作业安全措施落实情况，确认安全措施可靠并向动火人和监火人交代安全注意事项后，将《动火证》交给动火人。

③ 一份《动火证》只准在一个动火点使用。如果在同一动火点多人同时动火作业，可使用一份《动火证》，但参加动火作业的所有动火人应分别在《动火证》上签字。

④《动火证》不准转让、涂改，不准异地使用或扩大使用范围。

⑤《动火证》一式两份，终审批准人和动火人各持一份存查；特殊危险《动火证》由主管安全防火部门存查。

（2）《动火证》的有效期限

① 特殊危险动火作业的《动火证》和一级动火作业的《动火证》的有效期不超过 8h。

② 二级动火作业的《动火证》的有效期不超过 72h，且每日动火前应重新做安全分析。

③ 动火作业超过有效期限，应重新办理《动火证》。

▨ **知识拓展**

动火分析及合格标准

1. 作业前进行动火分析的要求

① 动火分析的监测点要有代表性，在较大的设备内动火，应对上、中、下各部位进行监测分析；在较长的物料管线上动火，应在彻底隔绝区域内分段分析；

② 在设备外部动火，应在不小于动火点 10m 范围内进行动火分析；

③ 动火分析与动火作业间隔一般不超过 30min，如现场条件不允许，间隔时间可适当放宽，但不应超过 60min；

④ 作业中断时间超过 60min，应重新分析，每日动火前均应进行动火分析；特殊动火作业期间应随时进行监测；

⑤ 使用便携式可燃气体检测仪或其他类似手段进行分析时，检测设备应经标准气体样品标定合格。

2. 动火分析合格标准

① 当被测气体或蒸气的爆炸下限大于或等于 4% 时，其被测浓度应不大于 0.5%（体积分数）；

② 当被测气体或蒸气的爆炸下限小于 4% 时，其被测浓度应不大于 0.2%（体积分数）。

【动火作业六大禁令】

① 《动火证》未经批准，禁止动火。

② 不与生产系统可靠隔绝，禁止动火。

③ 不清洗、置换不合格，禁止动火。

④ 不清除周围易燃物，禁止动火。

⑤ 不按时做动火分析，禁止动火。

⑥ 没有消防措施，禁止动火。

（六）盲板抽堵作业

盲板抽堵作业是指在设备、管道上安装和拆卸盲板的作业。

生产车间（分厂）应预先绘制盲板位置图，对盲板进行统一编号，并设专人统一指挥作业。

作业单位应按图进行盲板抽堵作业，并对每个盲板设标牌进行标识，标牌编号应与盲板位置图上的盲板编号一致。生产车间（分厂）应逐一确认并做好记录。

1. 盲板作业分类

盲板作业按专业分生产类、工艺类、安全类三类。

生产类盲板作业：公用工程系统、储运系统、界区物料管线及设备隔离盲板抽堵作业。

工艺类盲板作业：装置内工艺管线、设备隔离盲板抽堵作业。

安全类盲板作业：动火性盲板抽堵作业。

2. 盲板作业安全要求

① 作业时，作业点压力应降为常压，并设专人监护。

② 在有毒介质的管道、设备上进行盲板抽堵作业时，作业人员应按 GB/T 11651 的要

求选用防护用具。

③ 在易燃易爆场所进行盲板抽堵作业时，作业人员应穿防静电工作服、工作鞋，并应使用防爆灯具和防爆工具；距盲板抽堵作业地点 30m 内不应有动火作业。

④ 在强腐蚀性介质的管道、设备上进行盲板抽堵作业时，作业人员应采取防止酸碱灼伤的措施。

⑤ 介质温度较高、可能造成烫伤的情况下，作业人员应采取防烫措施。

⑥ 不应在同一管道上同时进行两处及两处以上的盲板抽堵作业。

⑦ 盲板抽堵作业结束，由作业单位和生产车间（分厂）专人共同确认。

知识拓展

盲板选用要求

材质：选用与对应法兰相同的材质，对于自制盲板应考虑封闭物料的材质要求。

规格：具备使用"8"字型盲板条件，应使用"8"字型盲板；具备使用盲板盖条件的地方，应使用盲板盖；凡不具备以上条件的，可以考虑自制盲板。

盲板加装要求

加装盲板应双面加垫片，并且垫片和盲板、法兰应相一致，严禁无垫片或单面加垫片，严禁使用直径和压力等级低于法兰要求的盲板和垫片。对于有特殊要求的法兰处（如搪瓷面法兰等），应选取符合要求的垫片和盲板。

螺栓应符合相应法兰要求，并应上全把紧。

管路中加装盲板，位置应在距倒空管线或设备最近的可切断阀门处，且应确保盲板需要隔绝的物料不直接泄漏。

（七）临时用电作业

临时用电作业是指正式运行的电源上所接的非永久性用电。

作业安全要求如下。

① 在运行的生产装置、罐区和具有火灾爆炸危险场所内不应接临时电源，确需时应对周围环境进行可燃气体检测分析。

② 各类移动电源及外部自备电源，不应接入电网。

③ 动力和照明线路应分路设置。

④ 在开关上接引、拆除临时用电线路时，其上级开关应断电上锁并加挂安全警示标牌。

⑤ 临时用电应设置保护开关，使用前应检查电气装置和保护设施的可靠性。所有的临时用电均应设置接地保护。

⑥ 临时用电设备和线路应按供电电压等级和容量正确使用，所用的电器元件应符合国家相关产品标准及作业现场环境要求，临时用电电源施工、安装应符合 JGJ 46 的有关要求，并有良好的接地，临时用电还应满足如下要求：

a. 火灾爆炸危险场所应使用相应防爆等级的电源及电气元件，并采取相应的防爆安全措施；

b. 临时用电线路及设备应有良好的绝缘，所有的临时用电线路应采用耐压等级不低于 500V 的绝缘导线；

c. 临时用电线路经过有高温、振动、腐蚀、积水及产生机械损伤等区域，不应有接头，并应采取相应的保护措施；

d. 临时用电架空线应采用绝缘铜芯线，并应架设在专用电杆或支架上。其最大弧垂与地面距离，在作业现场不低于 2.5m，穿越机动车道不低于 5m；

e. 对需埋地敷设的电缆线路应设有走向标志和安全标志。电缆埋地深度不应小于 0.7m，穿越道路时应加设防护套管；

f. 现场临时用电配电盘、箱应有电压标识和危险标识，应有防雨措施，盘、箱、门应能牢靠关闭并能上锁；

g. 行灯电压不应超过 36V；在特别潮湿的场所或塔、釜、槽、罐等金属设备内作业，临时照明行灯电压不应超过 12V；

h. 临时用电设施应安装符合规范要求的漏电保护器，移动工具、手持式电动工具应逐个配置漏电保护器和电源开关。

⑦ 临时用电单位不应擅自向其他单位转供电或增加用电负荷，以及变更用电地点和用途。

⑧ 临时用电时间一般不超过 15 天，特殊情况不应超过一个月。用电结束后，用电单位应及时通知供电单位拆除临时用电线路。

（八）动土作业

动土作业是指挖土、打桩、钻探、坑探、地锚入土深度在 0.5m 以上；使用推土机、压路机等施工机械进行填土或平整场地等可能对地下隐蔽设施产生影响的作业。

作业安全要求如下。

① 作业前，应检查工具、现场支撑是否牢固、完好，发现问题应及时处理。

② 作业现场应根据需要设置护栏、盖板和警告标志，夜间应悬挂警示灯。

③ 在破土开挖前，应先做好地面和地下排水，防止地面水渗入作业层面造成塌方。

④ 作业前应首先了解地下隐蔽设施的分布情况，动土临近地下隐蔽设施时，应使用适当工具挖掘，避免损坏地下隐蔽设施。如暴露出电缆、管线以及不能辨认的物品时，应立即停止作业，妥善加以保护，报告动土审批单位处理，经采取措施后方可继续动土作业。

⑤ 动土作业应设专人监护。挖掘坑、槽、井、沟等作业，应遵守下列规定：

a. 挖掘土方应自上而下逐层挖掘，不应采用挖底脚的办法挖掘；使用的材料、挖出的泥土应堆放在距坑、槽、井、沟边沿至少 0.8m 处，挖出的泥土不应堵塞下水道和窨井；

b. 不应在土壁上挖洞攀登；

c. 不应在坑、槽、井、沟上端边沿站立、行走；

d. 应视土壤性质、湿度和挖掘深度设置安全边坡或固壁支撑；作业过程中应对坑、槽、井、沟边坡或固壁支撑架随时检查，特别是雨雪后和解冻时期，如发现边坡有裂缝、疏松或支撑有折断、走位等异常情况，应立即停止工作，并采取相应措施；

e. 在坑、槽、井、沟的边缘安放机械、铺设轨道及通行车辆时，应保持适当距离，采取有效的固壁措施，确保安全；

f. 在拆除固壁支撑时，应从下而上进行；更换支撑时，应先装新的，后拆旧的；

g. 不应在坑、槽、井、沟内休息。

⑥ 作业人员在沟（槽、坑）下作业应按规定坡度顺序进行，使用机械挖掘时不应进入机械旋转半径内；深度大于 2m 时应设置人员上下的梯子等，保证人员快速进出设施；两个以上作业人员同时挖土时应相距 2m 以上，防止工具伤人。

⑦ 作业人员发现异常时，应立即撤离作业现场。

⑧ 在化工危险场所动土时，应与有关操作人员建立联系，当化工装置发生突然排放有害物质的事故时，化工操作人员应立即通知动土作业人员停止作业，迅速撤离现场。

⑨ 施工结束后应及时回填土石，并恢复地面设施。

（九）断路作业

断路作业是指在化学品生产单位内交通主、支路与车间引道上进行工程施工、吊装、吊运等各种影响正常交通的作业。

作业安全要求如下：

① 作业前，作业申请单位应会同本单位相关主管部门制定交通组织方案，方案应能保证消防车和其他重要车辆的通行，并满足应急救援要求。

② 作业单位应根据需要在断路的路口和相关道路上设置交通警示标志，在作业区附近设置路栏、道路作业警示灯、导向标等交通警示设施。

③ 在道路上进行定点作业，白天不超过 2h、夜间不超过 1h 即可完工的，在有现场交通指挥人员指挥交通的情况下，只要作业区设置了相应的交通警示设施，即白天设置了锥形交通路标或路栏，夜间设置了锥形交通路标或路栏及道路作业警示灯，可不设标志牌。

④ 在夜间或雨、雪、雾天进行作业应设置道路作业警示灯，警示灯设置要求如下：

a. 采用安全电压；

b. 设置高度应离地面 1.5m，不低于 1.0m；

c. 其设置应能反映作业区的轮廓；

d. 应能发出至少自 150m 以外清晰可见的连续、闪烁或旋转的红光。

⑤ 断路作业结束后，作业单位应清理现场，撤除作业区、路口设置的路栏、道路作业警示灯、导向标等交通警示设施。申请断路单位应检查核实，并报告有关部门恢复交通。

【四不伤害】

不伤害他人，不伤害自己，不被别人伤害，保护他人不受伤害。

【三会四懂四有】

三会：会操作、会维护、会排除故障。

四懂：懂原理、懂性能、懂构造、懂用途。

四有：工作有计划，行动有方案，步步有确认，事后有总结。

附表 2-3　作业类别及主要危险特征

作业类别	说　明	可能造成的事故类型
存在物体坠落、撞击的作业	物体坠落或横向上可能有物体相撞的作业	物体打击与碰撞
有碎屑飞溅的作业	加工过程中可能有切削飞溅的作业	
操作转动机械作业	机械设备运行中引起的绞、碾等伤害的作业	机械伤害
接触锋利器具作业	生产中使用的生产工具或加工产品易对操作者产生割伤、刺伤等伤害的作业	
地面存在尖利器物的作业	工作平面上可能存在对工作者脚部或腿部产生刺伤伤害的作业	其他
手持振动机械作业	生产中使用手持振动工具,直接作用于人的手臂系统的机械振动或冲击作业	机械伤害
人承受全身振动的作业	承受振动或处于不易忍受的振动环境中的作业	
铲、装、吊、推机械操作作业	各类活动范围较小的重型采掘、建筑、装载起重设备的操作与驾驶作业	其他运输工具伤害
低压带电作业	额定电压小于 1kV 的带电操作作业	电流伤害
高压带电作业	额定电压大于或等于 1kV 的带电操作作业	
高温作业	在生产劳动过程中,其工作地点平均 WBGT 指数等于或大于 25℃的作业,如:热的液体、气体对人体的烫伤,热的固体与人体接触引起的灼伤,火焰对人体的烧伤以及炽热源的热辐射对人体的伤害	热烧灼
易燃易爆场所作业	易燃易爆品失去控制的燃烧引发火灾	火灾
可燃性粉尘场所作业	工作场所中存有常温、常压下可燃固体物质粉尘的作业	化学爆炸
高处作业	坠落高度基准面大于 2m 的作业	坠落
吸入性气相毒物作业	工作场所中存有常温、常压下呈气体或蒸气状态、经呼吸道吸入能产生毒害物质的作业	毒物伤害
密闭场所作业	在空气不流通的场所中作业,包括在缺氧即空气中含氧浓度小于 18％和毒气、有毒气溶胶超过标准并不能排除等场所中作业	影响呼吸
吸入性气溶胶毒物作业	工作场所中存有常温、常压下呈气溶胶状态、经呼吸道吸入能产生毒害物质的作业	毒物伤害
沾染性毒物作业	工作场所中存有能黏附于皮肤、衣物上,经皮肤吸收产生伤害或对皮肤产生毒害物质的作业	
生物性毒物作业	工作场所中有感染或吸收生物毒素危险的作业	
噪声作业	声级大于 85dB 的环境中的作业	其他
强光作业	强光源或产生强烈红外辐射和紫外辐射的作业	辐射伤害
激光作业	激光发射与加工的作业	
荧光屏作业	长期从事荧光屏操作与识别的作业	
微波作业	微波发射与使用的作业	
射线作业	产生电离辐射的、辐射剂量超过标准的作业	

续表

作业类别	说　明	可能造成的事故类型
腐蚀性作业	产生或使用腐蚀性物质的作业	化学灼伤
易污作业	容易污秽皮肤或衣物的作业	其他
恶味作业	产生难闻气味或恶味不易清除的作业	影响呼吸
低温作业	在生产劳动过程中,其工作地点平均气温等于或低于5℃的作业	影响体温调节
人工搬运作业	通过人力搬运,不使用机械或其他自动化设备的作业	其他
车辆驾驶作业	各类机动车辆驾驶的作业	车辆伤害

注：实际工作中涉及多项作业特征的，为综合性作业。

附表 2-4　安全作业证的办理和审批的内容

安全作业证种类		办理部门	审批或会签	审批部门(人)
动火证	特殊动火作业	作业单位	—	主管厂长或总工程师
	一级动火作业		—	安全管理部门
	二级动火作业		—	动火点所在车间
受限空间证		作业单位	—	受限空间所在单位
盲板抽堵证		生产车间(分厂)	作业单位	生产部门
高处作业证	一级高处作业①	作业单位		设备管理部门
	二级、三级高处作业②		车间	设备管理部门
	特级高处作业③		安全管理部门	主管厂长
吊装证	一级吊装作业	作业单位	—	主管厂长或总工程师
	二级、三级吊装作业	作业单位	—	设备管理部门
临时用电证		作业单位	配送电单位	动力部门
动土证		动土所在单位	水、电、汽、工艺、设备、消防、安全管理等部门	工程管理部门
断路证		断路所在单位	消防、安全管理部门	工程管理部门

注：安全作业证实行一个作业点、一个作业周期内同一作业内容一张《安全作业证》的管理方式。

① 还包括在坡度大于45°的斜坡上面实施的高处作业。

② 包括下列情形的高处作业：

a. 在升降（吊装）口、坑、井、池、沟、洞等上面或附近进行的高处作业；

b. 在易燃、易爆、易中毒、易灼伤的区域或转动设备附近进行的高处作业；

c. 在无平台、无护栏的塔、釜、炉、罐等化工容器、设备及架空管道上进行的高处作业；

d. 在塔、釜、炉、罐等设备内进行的高处作业；

e. 在临近排放有毒、有害气体、粉尘的放空管线或烟囱及设备的高处作业。

③ 包括下列情形的高处作业：

a. 在阵风风力为六级（风速10.8m/s）及以上情况下进行的强风高处作业；

b. 在高温或低温环境下进行的异温高处作业；

c. 在降雪时进行的雪天高处作业；

d. 在降雨时进行的雨天高处作业；

e. 在室外完全采用人工照明进行的夜间高处作业；

f. 在接近或接触带电体条件下进行的带电高处作业；

g. 在无立足点或无牢靠立足点的条件下进行的悬空高处作业。

吊装质量小于10t的吊装作业可不办理《吊装证》。

附表 2-5　高处安全作业证

编号		申请单位	
作业地点		申请人	
作业高度		作业类别	
作业单位		作业人	
作业内容		监护人	
作业时间	自　年　月　日　时　分至　年　月　日　时　分		

危害识别：

序号	高处作业安全措施	确认人签名
1	作业人员身体条件符合要求	
2	作业人员着装符合工作要求	
3	作业人员佩戴合格的安全帽	
4	作业人员佩戴安全带,安全带要高挂低用	
5	作业人员携带有工具袋	
6	作业人员佩戴：A. 过滤式防毒面具或口罩　B. 空气呼吸器	
7	现场搭设的脚手架、防护网、围栏符合安全规定	
8	垂直分层作业中间有隔离设施	
9	梯子、绳子符合安全规定	
10	石棉瓦等轻型棚的承重梁、柱能承重负荷的要求	
11	作业人员在石棉瓦等不承重物作业所搭设的承重板稳定牢固	
12	高处作业有充足的照明、安装临时灯、防爆灯	
13	30m 以上高处作业配备通信、联络工具	
14	补充措施	

作业单位负责人意见	基层单位现场负责人意见	基层单位领导审核意见	审批部门意见
签字： 　年　月　日　时	签字： 　年　月　日　时	签字： 　年　月　日　时	签字： 　年　月　日　时
完工验收人		签字： 　年　月　日　时　分	

附表 2-6 吊装安全作业证 (正面)

编号：

吊装地点		吊装工具名称	
吊装人员		特殊工种作业证号	
安全监护人		吊装指挥(负责人)	
作业时间	自 年 月 日 时 分 至 年 月 日 时 分		
吊装内容			
起吊重物质量/t			
危害识别：			
安全措施(执行背面)：			
项目单位安全部门负责人 (签字)： 年 月 日		项目单位负责人 (签字)： 年 月 日	
作业单位安全部门负责人 (签字)： 年 月 日		作业单位负责人 (签字)： 年 月 日	
有关管理部门审批意见： 有关管理部门负责人(签字)： 年 月 日			

附表 2-7　吊装安全作业证安全措施（背面）

序号	安 全 措 施	确认人签名
1	作业前对作业人员进行安全教育	
2	吊装质量大于等于 40t 的重物和土建工程主体结构；吊装物体虽不足 40t，但形状复杂、刚度小、长径比大、精密贵重，作业条件特殊，需编制吊装作业方案，并经作业主管部门和安全管理部门审查，报主管副总经理或总工程师批准后方可实施	
3	指派专人监护，并坚守岗位，非作业人员禁止入内	
4	作业人员已按规定佩戴防护器具和个体防护用品	
5	应事先与分厂（车间）负责人取得联系，建立联系信号	
6	在吊装现场设置安全警戒标志，无关人员不许进入作业现场	
7	夜间作业要有足够的照明	
8	室外作业遇到大雪、暴雨、大雾及 6 级以上大风，停止作业	
9	检查起重吊装设备、钢丝绳、揽风绳、链条、吊钩等各种机具，保证安全可靠	
10	应分工明确、坚守岗位，并按规定的联络信号，统一指挥	
11	将建筑物、构筑物作为锚点，需经工程处审查核算并批准	
12	吊装绳索、揽风绳、拖拉绳等避免同带电线路接触，并保持安全距离	
13	人员随同吊装重物或吊装机械升降，应采取可靠的安全措施，并经过现场指挥人员批准	
14	利用管道、管架、电杆、机电设备等作吊装锚点，不准吊装	
15	悬吊重物下方站人、通行和工作，不准吊装	
16	超负荷或重物质量不明，不准吊装	
17	斜拉重物、重物埋在地下或重物坚固不牢，绳打结、绳不齐，不准吊装	
18	棱角重物没有衬垫措施，不准吊装	
19	安全装置失灵，不准吊装	
20	用定型起重吊装机械(履带吊车、轮胎吊车、轿式吊车等)进行吊装作业，遵守该定型机械的操作规程	
21	作业过程中应先用低高度、短行程试吊	
22	作业现场出现危险品泄漏，立即停止作业，撤离人员	
23	作业完成后清理现场杂物	
24	吊装作业人员持有法定的有效的证件	
25	地下通信电(光)缆、局域网络电(光)缆、排水沟的盖板，承重吊装机械的负重量已确认，保护措施已落实	
26	起吊物的质量(t)经确认，在吊装机械的承重范围	
27	在吊装高度的管线、电缆桥架已做好防护措施	
28	作业现场围栏、警戒线、警告牌、夜间警示灯已按要求设置	
29	作业高度和转臂范围内，无架空线路	
30	人员出入口和撤离安全措施已落实：A. 指示牌；B. 指示灯	
31	在爆炸危险生产区域内作业，机动车排气管已装火星熄灭器	
32	现场夜间有充足照明： 　　A:36V、24V、12V 防水型灯　　　B:36V、24V、12V 防爆型灯	
33	作业人员已佩戴防护器具	
34	补充措施	

附表 2-8　动火安全作业证

编号　　　　　　　　　　动火级别（_____级）　　　　　　　　　　第　联

申请部门			动火地点			
动火执行人			监火人		动火作业负责人	
动火方式						
动火时间	年　月　日　时　分　至　年　月　日　时　分					
采样检测时间	年　月　日　时		年　月　日　时		年　月　日　时	
采样地点						
分析结果						
分析人						
危害识别						

序号	主要安全措施	确认人签字
1	用火设备内部构件清理干净,蒸汽吹扫或水洗合格,达到用火条件	
2	断开与用火设备相连接的所有管线,加盲板（　）块	
3	用火点周围(最小半径15m)的下水井、地漏、地沟、电缆沟等已清除易燃物,并已采取覆盖、铺沙、水封等手段进行隔离	
4	罐区内用火点同一圈堰内和防火间距内的油罐不得进行脱水作业	
5	高处作业应采取防火花飞溅措施	
6	清除用火点周围易燃物	
7	电焊回路线应接在焊件上,把线不得穿过下水井或与其他设备搭接	
8	乙炔气瓶(禁止卧放)、氧气瓶与火源间的距离不得少于10m	
9	现场配备消防蒸汽带（　）根,灭火器（　）台,铁锹（　）把,石棉布（　）块	
10	其他补充安全措施:	

特殊动火会签:

动火前,岗位当班班长验票签字:　　　　　　　　　　　　　　　　　年　月　日　时

申请用火基层单位意见	生产、消防等相关单位意见	安全监督管理部门意见	领导审批意见
年　　月　　日	年　　月　　日	年　　月　　日	年　　月　　日

完工验收签名:　　　　　　　　　　　　　　　　　　　　年　　月　　日　　时　　分

附表 2-9 受限空间安全作业证

编号		施工地点	
所属单位		受限空间名称	
受限空间主要介质		主要危险因素	
检修作业内容		所属单位负责人	
作业单位		作业负责人	
作业人		作业监护人	
作业时间	年 月 日 时 分 至 年 月 日 时 分		

采样分析	分析项目	有毒有害介质含量	可燃气含量	氧含量	取样时间	取样部位	分析人
	分析标准						
	分析数据						

序号	主要安全措施	确认人签字
1	作业前对进入受限空间危险性进行分析	
2	所有与受限空间有联系的阀门、管线加盲板隔离、列出盲板清单,并落实拆装盲板责任人	
3	设备经过置换、吹扫、蒸煮	
4	设备打开通风孔进行自然通风,温度适宜人作业;必要时采用强制通风或佩戴空气呼吸器,但设备内缺氧时,严禁用通氧气的方法补氧	
5	相关设备进行处理,带搅拌机的应切断电源,挂"禁止合闸"标志牌,设专人监护	
6	检查受限空间内部,具备作业条件,清罐时应用防爆工具	
7	检查受限空间进出口通道,不得有阻碍人员进出的障碍物	
8	盛装过可燃有毒液体、气体的受限空间,应分析可燃、有毒有害气体含量	
9	作业人员清楚受限空间内存在的其他危险有害因素,如内部附件、集渣坑等	
10	作业监护措施:消防器材( )、救生绳( )、气防装备( )	
11	其他补充安全措施:	

危害识别:

施工作业负责人意见	基层单位现场负责人意见	基层单位领导审批意见	单位领导审批意见
年 月 日	年 月 日	年 月 日	年 月 日

完工验收签名: 年   月   日   时   分

附表 2-10 盲板抽堵安全作业证

装置名称							申请人					
施工单位							施工地点					
设备、管道名称	介质	温度	压力	盲板			实施时间		作业人		监护人	
				材质	规格	编号	堵	抽	堵	抽	堵	抽

危害识别	

盲板位置图:

编制人: 　　　　年　　月　　日

序号	主要安全措施	生产车间负责人
1	盲板强度、样式符合安全要求	
2	作业人员熟知现场有害因素情况	
3	作业人员佩戴劳保防护品符合要求、在有毒物料环境中,佩戴防毒面具和空气呼吸器;在腐蚀性物料环境中佩戴防酸碱护镜等护品	
4	在易燃场所使用防爆工具,严禁使用产生火花的工具进行作业	
5	关闭待检修设备出入口阀门	
6	设备管道泄压	
7	设备管道介质清空	
8	作业时站在上风向并背向作业	
9	高处作业时系挂安全带	
10	盲板抽堵按图作业,并编号挂牌	
11	其他补充安全措施:	

机电维修负责人确认意见:

负责人: 　　　　　　　　　　　　　　　　年　　月　　日

部门负责人审批意见:

批准人: 　　　　　　　　　　　　　　　　年　　月　　日

完工验收时间:

　　　　　　　　　　验收人: 　　　年　　月　　日　　时

附表 2-11 临时用电安全作业证

编号		申请作业单位	
工程名称		施工单位	
施工地点		用电设备及功率	
电源接入点		工作电压	
临时用电人		电工证号	
监护人			
临时用电时间	年 月 日 时 分 至 年 月 日 时 分		

序号	主要安全措施	确认人签字
1	安装临时线路人员持电工作业操作证	
2	在防爆场所使用的临时电源、电气元件和线路达到相应的防爆等级要求	
3	临时用电的单相和混用线路采用五线制	
4	临时用电线路架空高度在装置内不低于 2.5m,道路不低于 5m	
5	临时用电线路架空进线不得采用裸线,不得在树上或脚手架上架设	
6	暗管埋设及地下电缆线路设有走向标志和安全标志,电缆埋深大于 0.7m	
7	现场临时用电配电盘、箱应有防雨措施	
8	临时用电设施安有漏电保护器,移动工具、手持工具应一机一闸一保护	
9	用电设备、线路容量、负荷符合要求	
10	其他补充安全措施:	

危害识别:

临时用电单位意见	供电主管部门意见	供电执行单位意见
年 月 日	年 月 日	年 月 日

完工验收签名:

年 月 日 时 分

附表 2-12　动土安全作业证（正面）

编号		申请单位		申请人	
作业单位				作业地点	
电源接入点			电压	监护人	
作业时间	自　年　月　日　时　分至　年　月　日　时　分止				

动土作业范围、内容、方式（包括深度、面积，并附简图）：

项目负责人：　　　　　　　　　　　　　　　　　　　年　月　日　时　分

危害识别：

动土安全措施（执行背面）：
作业负责人：　　　　　　　　　　　　　　　　　　　年　月　日　时　分

作业地段负责人意见	负责人：　　　　　　　　　　　　　年　月　日　时　分

有关水、电、汽、工艺、设备、消防、安全等部门会签意见：

总图负责人意见：
　　　　　　　　　　　　　　　　　　　年　月　日　时　分

完工验收检查	签字： 　　　　　　　　　年　月　日　时　分

附表 2-13　动土安全作业证（背面）

序号	安全措施	确认人签名
1	作业人员作业前已进行了安全教育	
2	作业地点处于易燃易爆场所,需要动火时是否办理了动火证	
3	地下电力电缆已确认,保护措施已落实	
4	地下通讯电(光)缆、局域网络电(光)缆已确认,保护措施已落实	
5	地下供排水、消防管线、工艺管线已确认,保护措施已落实	
6	已按作业方案图划线和立桩	
7	动土地点有电线、管道等地下设施,应向作业单位交代并派人监护;作业时轻挖,禁止使用铁棒、铁镐或抓斗等机械工具	
8	作业现场围栏、警戒线、警告牌夜间警示灯已按要求设置	
9	已进行放坡处理和固壁支撑	
10	人员出入口和撤离安全措施已落实:A. 梯子;B. 修坡道	
11	道路施工作业已报:交通、消防、安全监督部门、应急中心	
12	备有可燃气体检测仪、有毒介质检测仪	
13	现场夜间有充足照明: A. 36V、24V、12V 防水型灯 B. 36V、24V、12V 防爆型灯	
14	作业人员已佩戴安全帽等防护器具	
15	动土范围(包括深度、面积、并附简图)无障碍物,已在总图上做标记	
16	其他补充安全措施:	

附表 2-14 断路安全作业证

申请单位		作业单位	
断路原因		监护人	
断路时间	年 月 日 时 分 至 年 月 日 时 分		
危害识别			

断路地段示意图：

断路申请单位应采取的安全措施：

断路申请单位负责人(签字)：

年 月 日 时

断路作业单位应采取的安全措施：

断路作业单位负责人(签字)：

年 月 日 时

审批部门意见：

审批部门负责人(签字)：

年 月 日 时

完工验收：

断路申请单位负责人(签字)： 审批部门负责人(签字)：

年 月 日 时　　　　　　　　　　　　　年 月 日 时

第四节　化工企业劳动防护用品选用及配备

劳动者在作业过程中，应当按照规章制度和劳动防护用品使用规则，正确佩戴和使用劳动防护用品。

劳动防护用品，是指由用人单位为劳动者配备的，使其在劳动过程中免遭或者减轻事故伤害及职业病危害的个体防护装备。

《用人单位劳动防护用品管理规范》对用人单位劳动防护用品选用及配备有明确规定：

① 用人单位应当健全管理制度，加强劳动防护用品配备、发放、使用等管理工作。

② 劳动防护用品是由用人单位提供的，保障劳动者安全与健康的辅助性、预防性措施，不得以劳动防护用品替代工程防护设施和其他技术、管理措施。

③ 用人单位应当安排专项经费用于配备劳动防护用品，不得以货币或者其他物品替代。该项经费计入生产成本，据实列支。

④ 用人单位应当为劳动者提供符合国家标准或者行业标准的劳动防护用品。使用进口的劳动防护用品，其防护性能不得低于我国相关标准。

⑤ 劳动者在作业过程中，应当按照规章制度和劳动防护用品使用规则，正确佩戴和使用劳动防护用品。

⑥ 用人单位使用的劳务派遣工、接纳的实习学生应当纳入本单位人员统一管理，并配备相应的劳动防护用品。对处于作业地点的其他外来人员，必须按照与进行作业的劳动者相同的标准，正确佩戴和使用劳动防护用品。

一、头部防护用品

1. 安全帽的分类

安全帽是防止头部受坠落物及其他特定因素引起伤害的头部防护装置。帽壳呈半球形，坚固、光滑并有一定弹性，打击物的冲击和穿刺动能主要由帽壳承受。帽壳和帽衬之间留有一定空间，可缓冲、分散瞬时冲击力，从而避免或减轻对头部的直接伤害。

安全帽按用途分有普通安全帽和含特殊性能的安全帽两大类，有特殊性能的安全帽可以作为普通安全帽使用，具有普通安全帽的所有性能，特殊性能可以按照不同组合适用于特定的场所。

特殊性能的安全帽又分成以下五类：

① 阻燃性能，适用于可能短暂接触火焰、短时局部接触高温物体或暴晒于高温作业的场所；

② 防静电性能，适用于对静电高度敏感、可能发生引爆燃的场所；

③ 电绝缘性能，适用于可能接触 400V 以下的场所；

④ 抗侧压性能，适用于可能发生侧压的场所；

⑤ 耐低温性能，适用于头部需要保温且环境温度不低于-20℃的工作场所。

每种安全帽都具有一定的技术性能指标和适用范围，所以选用要根据所使用的行业和作业环境选购相应的产品，安全帽功能及作业场所对照见表 2-5。

表 2-5 安全帽功能及作业场所对照

安全帽功能	作业场所特点
基本性能	可能存在物体坠落、碎屑飞溅、磕碰、撞击、穿刺、挤压、摔倒及跌落等伤害头部的场所
阻燃性能	可能存在短暂接触火焰、短时局部接触高温物体或暴露于高温场所
防静电性能	作业环境对静电高度敏感,可能发生引爆燃或需要本质安全时
电绝缘性能	作业环境中可能接触 400V 以下三相交流电时
抗侧压性能	作业环境中可能发生侧向挤压,包括可能发生塌方、滑坡的场所;存在可预见的翻倒物体,可能发生速度较低的冲撞场所
耐低温性能	作业环境中需要保温且环境温度不低于 −20℃ 的低温作业工作场所

2. 安全帽的构成

安全帽由帽壳、帽衬、下颌带、附件组成（图 2-5）。我国的安全帽属于特种劳动防护用品，实施工业产品生产许可证管理和安全标志标识管理，"一证一标"如图 2-6 所示。

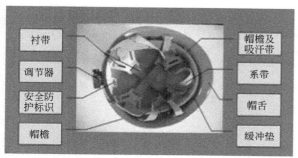

图 2-5 安全帽的基本构成

图 2-6 一证一标

3. 安全帽的使用

（1）正确佩戴

① 安全帽在使用时应戴正、戴牢，锁紧帽箍，配有下颏带的安全帽应紧系下颏带，确保使用时不发生意外脱落；

② 女生佩戴安全帽应将头发放进帽衬；

③ 安全帽在经受严重冲击后，即使没有明显损坏，也必须更换；

④ 严禁将安全帽做佩戴以外的其他用途，如坐压、砸坚硬物等。

（2）安全使用期 从产品制造完成之日计算，塑料帽不超过两年半，玻璃钢橡胶帽不超过三年半。

二、呼吸防护用品

呼吸防护用品根据工作原理可以分为过滤式和隔绝式。

过滤式呼吸防护用品是依据过滤吸收的原理，利用过滤材料滤除空气中的有毒、有害物质，将受污染空气转变为清洁空气供人员呼吸的一类呼吸防护用品。如防尘口罩、防毒口罩和过滤式防毒面具。

过滤式呼吸防护用品的使用要受环境的限制，当环境中存在着过滤材料不能滤除的有害物质，或氧气含量低于 18%，或有毒有害物质浓度较高（＞1%）时均不能使用，这种环境下应用隔绝式呼吸防护用品。

隔绝式呼吸防护用品是依据隔绝的原理，使人员呼吸器官、眼睛和面部与外界受污染空气隔绝，依靠自身携带的气源或靠导气管引入受污染环境以外的洁净空气为气源供气，保障人员正常呼吸和呼吸防护用品，也称为隔绝式防毒面具、生氧式防毒面具、长管呼吸器及潜水面具等。

呼吸防护用品的选用见表 2-6，呼吸防护用品见图 2-7。

表 2-6　呼吸防护用品的选用

危害因素	分　类	要　求
颗粒物	一般粉尘,如煤尘、水泥尘、木粉尘、云母尘、滑石尘及其他粉尘	过滤效率至少满足 GB 2626 规定的 KN90 级别的防颗粒物呼吸器
	石棉	可更换式防颗粒物半面罩或全面罩,过滤效率至少满足 GB 2626 规定的 KN95 级别的防颗粒物呼吸器
	矽尘、金属粉尘(如铅尘、镉尘)、砷尘、烟(如焊接烟、铸造烟)	过滤效率至少满足 GB 2626 规定的 KN95 级别的防颗粒物呼吸器
	放射性颗粒物	过滤效率至少满足 GB 2626 规定的 KN100 级别的防颗粒物呼吸器
	致癌性油性颗粒物(如焦炉烟、沥青烟等)	过滤效率至少满足 GB 2626 规定的 KP95 级别的防颗粒物呼吸器
化学物质	窒息气体	隔绝式正压呼吸器
	无机气体、有机蒸气	防毒面具 具体面罩类型:工作场所毒物浓度超标不大于 10 倍,使用送风或自吸过滤半面罩;工作场所毒物浓度超标不大于 100 倍,使用送风或自吸过滤全面罩;工作场所毒物浓度超标大于 100 倍,使用隔绝式或送风过滤式全面罩
	酸、碱性溶液、蒸气	防酸碱面罩

防尘口罩

防尘半面罩

自吸过滤式防毒半面罩

自吸过滤式防毒全面罩

长管呼吸器

正压式空气呼吸器

图 2-7　呼吸防护用品

三、眼面部防护用品

眼面部受伤是工业中发生频率比较高的一种工伤，为此需要根据工作岗位具体可能产生危害的种类来选择防护用品。在化工企业常见的眼面部防护用品主要有防冲击眼镜、防护眼罩、防护面屏及维修焊接作业时使用的焊接面罩，如图 2-8 所示。

防冲击眼镜　　　　　　防护眼罩　　　　　　防护面屏　　　　　　焊接面罩

图 2-8　眼面部防护用品

四、耳部防护用品

保护听力的最好措施是控制声源，当噪声不能降低到安全限度时，接触噪声的人应配备听力防护用品。用于预防噪声危害的个人防护用品常见有耳塞和耳罩两大类，如图 2-9 所示。

听力防护用品的选用见表 2-7。

耳塞　　　　　　头戴式防噪音耳罩

图 2-9　耳部防护用品

表 2-7　听力防护用品的选用

危害因素	分类	要求
噪声	劳动者暴露于工作场所 $80dB \leq L_{EX,8h} < 85dB$	用人单位应根据劳动者需求为其配备适用的护听器
	劳动者暴露于工作场所 $L_{EX,8h} \geq 85dB$	用人单位应为劳动者配备适用的护听器，并指导劳动者正确佩戴和使用。劳动者暴露于工作场所 $L_{EX,8h}$ 为 85～95dB 的应选用护听器 SNR 为 17～34dB 的耳塞或耳罩；劳动者暴露于工作场所 $L_{EX,8h} \geq 95dB$ 的应选用护听器 SNR $\geq 34dB$ 的耳塞、耳罩或者同时佩戴耳塞和耳罩，耳塞和耳罩组合使用时的声衰减值，可按二者中较高的声衰减值增加 5dB 估算

五、手部防护用品

手是人体最易受伤害的部位之一，在全部工伤事故中，手的伤害大约占 1/4。工作中引起手部伤害的主要原因有两个：完全没有使用手部防护产品或选择了错误的特殊用途手套。选择手套时，绝不可以将一种手套用于所有用途。要选择最有效的防护手套，必须先确定工作时可能遇到的所有危害，同时还要考虑到舒适性、灵活性和使用性能。

手部防护用品如图 2-10 所示。

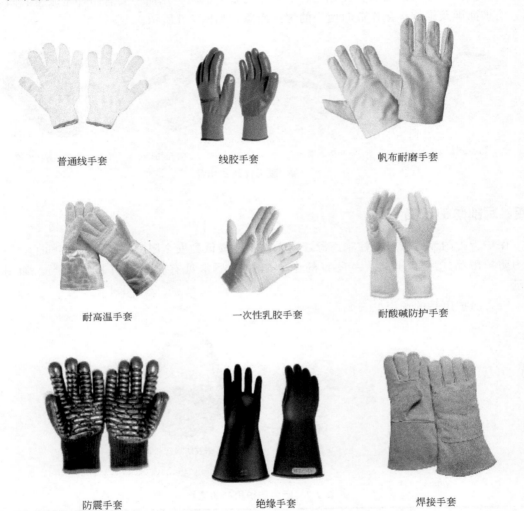

| 普通线手套 | 线胶手套 | 帆布耐磨手套 |

| 耐高温手套 | 一次性乳胶手套 | 耐酸碱防护手套 |

| 防震手套 | 绝缘手套 | 焊接手套 |

图 2-10　手部防护用品

六、足部防护用品

根据作业条件而选用特制的合适的防护鞋靴，就有可能防止发生足部伤害。防护鞋靴的功能主要针对工作环境和条件而设定，一般都具有防滑、防刺穿、防挤压的功能，另外就是具有特定功能，比如防导电、防腐蚀等，如图 2-11 所示。

七、躯干防护用品

防护服分特殊作业防护和一般作业防护服。化工企业工作人员根据工作性质一般发放有化学防护服和防静电工作服，如图 2-12 所示。

防刺穿防砸鞋　　　　　　　耐酸碱鞋　　　　　　　绝缘鞋

图 2-11　足部防护用品

化学防护服　　　　　　　　防静电工作服

图 2-12　躯干防护用品

八、坠落防护用品

《坠落防护装备安全使用规范安全》规定：在距坠落高度基准面 2m 及 2m 以上，有发生坠落危险的场所作业，对个人进行坠落防护时，应使用坠落悬挂安全带或区域限制安全带；在施工中，如工作平面高于坠落高度基准面 3m 及 3m 以上，对人群进行坠落防护时，应在存在坠落危险的部位下方张挂安全平网。

坠落防护用品如图 2-13 所示。

防坠绳　　　　全身式安全带　　　　　三角救援架　　　　　　安全网

图 2-13　坠落防护用品

附表 2-15　个体防护装备的选用（参考）

作业类别		可以使用的防护用品	建议使用的防护用品
存在物体坠落、撞击的作业		安全帽 防砸鞋（靴） 防刺穿鞋 安全网	防滑鞋
有碎屑飞溅的作业		安全帽 防冲击护目镜 一般防护服	防机械伤害手套
操作转动机械作业		工作帽 防冲击护目镜 其他零星防护用品	
接触锋利器具作业		防机械伤害手套 一般防护服	安全帽 防砸鞋（靴） 防刺穿鞋
地面存在尖利器物的作业		防刺穿鞋	安全帽
手持振动机械作业		耳塞 耳罩 防振手套	防振鞋
人承受全身振动的作业		防振鞋	
铲、装、吊、推机械操作作业		安全帽 一般防护服	防尘口罩（防颗粒物呼吸器） 防冲击护目镜
低压带电作业（1kV 以下）		绝缘手套 绝缘鞋 绝缘服	安全帽（带电绝缘性能） 防冲击护目镜
高压带电作业	在 1～10kV 带电设备上进行作业	安全帽（带电绝缘性能） 绝缘手套 绝缘鞋 绝缘服	防冲击护目镜 带电作业屏蔽服 防电弧服
	在 10～500kV 带电设备上进行作业	带电作业屏蔽服	防强光、紫外线、红外线护目镜或面罩
高温作业		安全帽 防强光、紫外线、红外线护目镜或面罩 隔热阻燃鞋 白帆布类隔热服 热防护服	镀反射膜类隔热服 其他零星防护用品
易燃易爆场所作业		防静电手套 防静电鞋 化学品防护服 阻燃防护服 防静电服 棉布工作服	防尘口罩（防颗粒物呼吸器） 防毒面具 防尘服
可燃性粉尘场所作业		防尘口罩（防颗粒物呼吸器） 防静电手套 防静电鞋 防静电服 棉布工作服	防尘服 阻燃防护服

续表

作业类别	可以使用的防护用品	建议使用的防护用品
高处作业	安全帽 安全带 安全网	防滑鞋
吸入性气相毒物作业	防毒面具 防化学品手套 化学品防护服	劳动护肤剂
密闭场所作业	防毒面具（供气或携气）防化学品手套 化学品防护服	空气呼吸器 劳动护肤剂
吸入性气溶胶毒物作业	工作帽 防毒面具 防化学品手套 化学品防护服	防尘口罩（防颗粒物呼吸器） 劳动护肤剂
沾染性毒物作业	工作帽 防毒面具 防腐蚀液护目镜 防化学品手套 化学品防护服	防尘口罩（防颗粒物呼吸器） 劳动护肤剂
生物性毒物作业	工作帽 防尘口罩（防颗粒物呼吸器） 防腐蚀液护目镜 防微生物手套 化学品防护服	劳动护肤剂
噪声作业	耳塞	耳罩

第五节　生产安全事故报告和调查处理

生产经营单位发生生产安全事故后，不得隐瞒不报、谎报或者迟报，不得故意破坏事故现场、毁灭有关证据。

一、工伤认定

生产经营单位必须依法参加工伤保险，为从业人员缴纳保险费。因生产安全事故受到损害的从业人员，除依法享有工伤保险外，依照有关民事法律尚有获得赔偿的权利的，有权向本单位提出赔偿要求。

（1）职工有下列情形之一的，应当认定为工伤

① 在工作时间和工作场所内，因工作原因受到事故伤害的；

② 工作时间前后在工作场所内，从事与工作有关的预备性或者收尾性工作受到事故伤害的；

③ 在工作时间和工作场所内，因履行工作职责受到暴力等意外伤害的；

④ 患职业病的；

⑤ 因工外出期间，由于工作原因受到伤害或者发生事故下落不明的；

⑥ 在上下班途中，受到非本人主要责任的交通事故或者城市轨道交通、客运轮渡、火车事故伤害的；

⑦ 法律、行政法规规定应当认定为工伤的其他情形。

（2）职工有下列情形之一的，视同工伤

① 在工作时间和工作岗位，突发疾病死亡或者在 48h 之内经抢救无效死亡的；

② 在抢险救灾等维护国家利益、公共利益活动中受到伤害的；

③ 职工原在军队服役，因战、因公负伤致残，已取得革命伤残军人证，到用人单位后旧伤复发的。

（3）有下列情形之一的，不得认定为工伤或者视同工伤

① 故意犯罪的；

② 醉酒或者吸毒的；

③ 自残或者自杀的。

二、生产安全事故报告和调查处理

1. 事故分级

根据生产安全事故造成的人员伤亡或者直接经济损失，事故一般分为以下等级。

（1）特别重大事故　指造成 30 人以上死亡，或者 100 人以上重伤（包括急性工业中毒，下同），或者 1 亿元以上直接经济损失的事故；

（2）重大事故　指造成 10 人以上 30 人以下死亡，或者 50 人以上 100 人以下重伤，或者 5000 万元以上 1 亿元以下直接经济损失的事故；

（3）较大事故　指造成 3 人以上 10 人以下死亡，或者 10 人以上 50 人以下重伤，或者 1000 万元以上 5000 万元以下直接经济损失的事故；

（4）一般事故　指造成 3 人以下死亡，或者 10 人以下重伤，或者 1000 万元以下直接经济损失的事故。

上述内容中所称的"以上"包括本数，所称的"以下"不包括本数。

2. 事故报告程序

事故发生后，事故现场有关人员应当立即向本单位负责人报告；单位负责人接到报告后，应当于 1h 内向事故发生地县级以上人民政府安全生产监督管理部门和负有安全生产监督管理职责的有关部门报告。

情况紧急时，事故现场有关人员可以直接向事故发生地县级以上人民政府安全生产监督管理部门和负有安全生产监督管理职责的有关部门报告。

安全生产监督管理部门和负有安全生产监督管理职责的有关部门逐级上报事故情况，每级上报的时间不得超过 2h。

具体范围如下。

① 特别重大事故、重大事故逐级上报至国务院安全生产监督管理部门和负有安全生产监督管理职责的有关部门；

② 较大事故逐级上报至省、自治区、直辖市人民政府安全生产监督管理部门和负有安全生产监督管理职责的有关部门；

③ 一般事故上报至设区的市级人民政府安全生产监督管理部门和负有安全生产监督管理职责的有关部门。

安全生产监督管理部门和负有安全生产监督管理职责的有关部门依照规定上报事故情况，应当同时报告本级人民政府。国务院安全生产监督管理部门和负有安全生产监督管理职责的有关部门以及省级人民政府接到发生特别重大事故、重大事故的报告后，应当立即报告国务院。必要时，安全生产监督管理部门和负有安全生产监督管理职责的有关部门可以越级上报事故情况。

事故报告后出现新情况的，应当及时补报；事故发生之日起 30 日内，事故造成的伤亡人数发生变化的，应当及时补报。

3. 事故报告内容

① 事故发生单位概况；

② 事故发生的时间、地点以及事故现场情况；

③ 事故的简要经过；

④ 事故已经造成或者可能造成的伤亡人数（包括下落不明的人数）和初步估计的直接经济损失；

⑤ 已经采取的措施；

⑥ 其他应当报告的情况。

4. 事故调查

特别重大事故由国务院或者国务院授权有关部门组织事故调查组进行调查。

重大事故、较大事故、一般事故分别由事故发生地省级人民政府、设区的市级人民政府、县级人民政府负责调查。省级人民政府、设区的市级人民政府、县级人民政府可以直接组织事故调查组进行调查，也可以授权或者委托有关部门组织事故调查组进行调查。

未造成人员伤亡的一般事故，县级人民政府也可以委托事故发生单位组织事故调查组进行调查。

上级人民政府认为必要时，可以调查由下级人民政府负责调查的事故。

特别重大事故以下等级事故，事故发生地与事故发生单位不在同一个县级以上行政区域的，由事故发生地人民政府负责调查，事故发生单位所在地人民政府应当派人参加。

事故调查组应当自事故发生之日起 60 日内提交事故调查报告；特殊情况下，经负责事故调查的人民政府批准，提交事故调查报告的期限可以适当延长，但延长的期限最长不超过 60 日。

5. 事故处理

重大事故、较大事故、一般事故，负责事故调查的人民政府应当自收到事故调查报告之日起 15 日内做出批复；特别重大事故，30 日内做出批复，特殊情况下，批复时间可以适当延长，但延长的时间最长不超过 30 日。

事故发生单位应当按照负责事故调查的人民政府的批复，对本单位负有事故责任的人员进行处理。

负有事故责任的人员涉嫌犯罪的，依法追究刑事责任。

6. 法律责任

事故发生单位主要负责人有下列行为之一的，处上一年年收入 40％～80％的罚款；属于国家工作人员的，并依法给予处分；构成犯罪的，依法追究刑事责任：

① 不立即组织事故抢救的；

② 迟报或者漏报事故的；

③ 在事故调查处理期间擅离职守的。

事故发生单位及其有关人员有下列行为之一的，对事故发生单位处 100 万元以上 500 万元以下的罚款；对主要负责人、直接负责的主管人员和其他直接责任人员处上一年年收入 60%～100%的罚款；属于国家工作人员的，并依法给予处分；构成违反治安管理行为的，由公安机关依法给予治安管理处罚；构成犯罪的，依法追究刑事责任：

① 谎报或者瞒报事故的；

② 伪造或者故意破坏事故现场的；

③ 转移、隐匿资金、财产，或者销毁有关证据、资料的；

④ 拒绝接受调查或者拒绝提供有关情况和资料的；

⑤ 在事故调查中作伪证或者指使他人作伪证的；

⑥ 事故发生后逃匿的。

事故发生单位对事故发生负有责任的，依照下列规定处以罚款：

① 发生一般事故的，处 10 万元以上 20 万元以下的罚款；

② 发生较大事故的，处 20 万元以上 50 万元以下的罚款；

③ 发生重大事故的，处 50 万元以上 200 万元以下的罚款；

④ 发生特别重大事故的，处 200 万元以上 500 万元以下的罚款。

事故发生单位主要负责人未依法履行安全生产管理职责，导致事故发生的，依照下列规定处以罚款；属于国家工作人员的，并依法给予处分；构成犯罪的，依法追究刑事责任：

① 发生一般事故的，处上一年年收入 30%的罚款；

② 发生较大事故的，处上一年年收入 40%的罚款；

③ 发生重大事故的，处上一年年收入 60%的罚款；

④ 发生特别重大事故的，处上一年年收入 80%的罚款。

【事故调查处理四不放过原则】

事故原因分析不清楚不放过

事故责任者没有受到严肃处理不放过

广大职工群众没有受到教育不放过

防范措施没有落实不放过

第六节　安全生产管理

安全生产事关人民生命财产安全，安全生产责任重于泰山。安全生产工作应当以人为本，坚持安全发展，坚持安全第一、预防为主、综合治理的方针，强化和落实生产经营单位的主体责任。

一、安全"三同时"

生产经营单位是建设项目安全设施建设的责任主体。建设项目安全设施必须与主体工程同时设计、同时施工、同时投入生产和使用（以下简称"三同时"）。

安全设施投资应当纳入建设项目概算。

1. 建设项目安全预评价

建设项目在进行可行性研究时，生产经营单位应当按照国家规定，进行安全预评价（含生产、储存危险化学品的建设项目；含使用危险化学品从事生产并且使用量达到规定数量的化工建设项目）。生产经营单位应当委托具有相应资质的安全评价机构，对其建设项目进行安全预评价，并编制安全预评价报告。

2. 建设项目安全设施设计

生产经营单位在建设项目初步设计时，应当委托有相应资质的设计单位对建设项目安全设施同时进行设计，编制安全设施设计专篇。

安全设施设计单位、设计人应当对其编制的设计文件负责。

3. 建设项目安全设施施工和竣工验收

建设项目安全设施的施工应当由取得相应资质的施工单位进行，并与建设项目主体工程同时施工。

建设项目竣工后，根据规定建设项目需要试运行的，应当在正式投入生产或者使用前进行试运行。

试运行时间应当不少于 30 日，最长不得超过 180 日，国家有关部门有规定或者特殊要求的行业除外。

生产、储存危险化学品的建设项目和化工建设项目，应当在建设项目试运行前将试运行方案报负责建设项目安全许可的安全生产监督管理部门备案。

建设项目安全设施竣工或者试运行完成后，生产经营单位应当委托具有相应资质的安全评价机构对安全设施进行验收评价，并编制建设项目安全验收评价报告。

二、安全管理机构

危险物品的生产、经营、储存单位，应当设置安全生产管理机构或者配备专职安全生产管理人员。专职安全生产管理人员应不少于企业员工总数的 2%（不足 50 人的企业至少配备 1 人），要具备化工或安全管理相关专业中专以上学历，有从事化工生产相关工作 2 年以上经历，取得安全管理人员合格证书。

危险物品的生产、储存单位应当有注册安全工程师从事安全生产管理工作。

1. 安全生产委员会

大型化工企业一般均设置安全生产委员会（或 HSE 委员会），安委会主任由企业主要负责人担任，安委会主要负责研究、决策公司重大安全事项。

2. 生产经营单位主要负责人

生产经营单位主要负责人是指对本单位生产经营负全面责任，有生产经营决策权的人员。

生产经营单位的主要负责人对本单位的安全生产工作全面负责，主要职责有：

① 建立、健全本单位安全生产责任制；

② 组织制定本单位安全生产规章制度和操作规程；

③ 保证本单位安全生产投入的有效实施；

④ 组织制定并实施本单位安全生产教育和培训计划；

⑤ 督促、检查本单位的安全生产工作，及时消除生产安全事故隐患；

⑥ 组织制定并实施本单位的生产安全事故应急救援预案；

⑦ 及时、如实报告生产安全事故。

3. 安全生产监管部门

化工企业必须设立安全监管部门，负责公司安全生产监督管理工作。安全管理部门设专职安全负责人（或经理），同时根据生产规模在部门内配置一定数量安全工程师，基层生产车间配备专职或兼职安全员。

安全生产监管部门以及安全生产管理人员履行下列职责：

① 组织或者参与拟订本单位安全生产规章制度、操作规程和生产安全事故应急救援预案；

② 组织或者参与本单位安全生产教育和培训，如实记录安全生产教育和培训情况；

③ 督促落实本单位重大危险源的安全管理措施；

④ 组织或者参与本单位应急救援演练；

⑤ 检查本单位的安全生产状况，及时排查生产安全事故隐患，提出改进安全生产管理的建议；

⑥ 制止和纠正违章指挥、强令冒险作业、违反操作规程的行为；

⑦ 督促落实本单位安全生产整改措施。

三、人员管理

生产经营单位应当对从业人员进行安全生产教育和培训，保证从业人员具备必要的安全生产知识，熟悉有关的安全生产规章制度和安全操作规程，掌握本岗位的安全操作技能，了解事故应急处理措施，知悉自身在安全生产方面的权利和义务。未经安全生产教育和培训合格的从业人员，不得上岗作业。

生产经营单位使用被派遣劳动者的，应当将被派遣劳动者纳入本单位从业人员统一管理，对被派遣劳动者进行岗位安全操作规程和安全操作技能的教育和培训。劳务派遣单位应当对被派遣劳动者进行必要的安全生产教育和培训。

危险化学品生产经营单位主要负责人和安全生产管理人员初次安全培训时间不得少于48学时，每年再培训时间不得少于16学时；新上岗的从业人员安全培训时间不得少于72学时，每年再培训的时间不得少于20学时。

生产经营单位的特种作业人员必须按照国家有关规定经专门的安全作业培训，取得相应资格，方可上岗作业。

四、特种设备管理

特种设备是指涉及生命和财产安全、危险性较大的锅炉、压力容器（含气瓶，下同）、压力管道、电梯、起重机械、客运索道、大型游乐设施和场（厂）内专用机动车辆，包括其所用的材料、附属的安全附件、安全保护装置和与安全保护装置相关的设施。

特种设备使用单位应当建立健全特种设备安全、节能管理制度和岗位安全、节能责任制度。

生产经营单位主要负责人对本单位特种设备的安全和节能全面负责。

特种设备在投入使用前或者投入使用后30日内，特种设备使用单位应当向直辖市或者设区的市的特种设备安全监督管理部门登记。登记标志应当置于或者附着于该特种设备的显著位置。

特种设备使用单位应当建立特种设备安全技术档案。安全技术档案应当包括以下内容：

① 特种设备的设计文件、制造单位、产品质量合格证明、使用维护说明等文件以及安装技术文件和资料；

② 特种设备的定期检验和定期自行检查的记录；

③ 特种设备的日常使用状况记录；

④ 特种设备及其安全附件、安全保护装置、测量调控装置及有关附属仪器仪表的日常维护保养记录；

⑤ 特种设备运行故障和事故记录；

⑥ 高耗能特种设备的能效测试报告、能耗状况记录以及节能改造技术资料。

特种设备使用单位对在用特种设备应当至少每月进行一次自行检查，并作出记录。特种设备使用单位在对在用特种设备进行自行检查和日常维护保养时发现异常情况的，应当及时处理。

特种设备使用单位应当对在用特种设备的安全附件、安全保护装置、测量调控装置及有关附属仪器仪表进行定期校验、检修，并作出记录。

特种设备使用单位应当按照安全技术规范的定期检验要求，在安全检验合格有效期届满前1个月向特种设备检验检测机构提出定期检验要求。未经定期检验或者检验不合格的特种设备，不得继续使用。

特种设备出现故障或者发生异常情况，使用单位应当对其进行全面检查，消除事故隐患后，方可重新投入使用。

特种设备存在严重事故隐患，无改造、维修价值，或者超过安全技术规范规定使用年限，特种设备使用单位应当及时予以报废，并应当向原登记的特种设备安全监督管理部门办理注销。

知识拓展

特种作业

特种作业，指容易发生事故，对操作者本人、他人的安全健康及设备、设施的安全可能造成重大危害的作业。特种作业的范围由特种作业目录规定。

特种作业人员应当符合下列条件：

（一）年满18周岁，且不超过国家法定退休年龄；

（二）经社区或者县级以上医疗机构体检健康合格，并无妨碍从事相应特种作业的器质性心脏病、癫痫病、美尼尔氏症、眩晕症、癔病、震颤麻痹症、精神病、痴呆症以及其他疾病和生理缺陷；

（三）具有初中及以上文化程度；

（四）具备必要的安全技术知识与技能；

（五）相应特种作业规定的其他条件。

危险化学品特种作业人员除符合前款第（一）项、第（二）项、第（四）项和第（五）项规定的条件外，应当具备高中或者相当于高中及以上文化程度。

国家安全生产监督管理总局指导、监督全国特种作业人员的安全技术培训、考核、发证、复审工作；省、自治区、直辖市人民政府安全生产监督管理部门负责本行政区域特种作业人员的安全技术培训、考核、发证、复审工作。

特种作业操作证有效期为6年，每3年复审1次，在全国范围内有效；特种作业人员在特种作业操作证有效期内，连续从事本工种10年以上，严格遵守有关安全生产法律法规的，经原考核发证机关或者从业所在地考核发证机关同意，特种作业操作证的复审时间可以延长至每6年1次。

特种作业目录

1. 电工作业

指对电气设备进行运行、维护、安装、检修、改造、施工、调试等作业（不含电力系统进网作业）。

1.1 高压电工作业

指对1千伏（kV）及以上的高压电气设备进行运行、维护、安装、检修、改造、施工、调试、试验及绝缘工、器具进行试验的作业。

1.2 低压电工作业

指对1千伏（kV）以下的低压电气设备进行安装、调试、运行操作、维护、检修、改造施工和试验的作业。

1.3 防爆电气作业

指对各种防爆电气设备进行安装、检修、维护的作业。

适用于除煤矿井下以外的防爆电气作业。

2. 焊接与热切割作业

指运用焊接或者热切割方法对材料进行加工的作业（不含《特种设备安全监察条例》规定的有关作业）。

2.1 熔化焊接与热切割作业

指使用局部加热的方法将连接处的金属或其他材料加热至熔化状态而完成焊接与切割的作业。

适用于气焊与气割、焊条电弧焊与碳弧气刨、埋弧焊、气体保护焊、等离子弧焊、电渣焊、电子束焊、激光焊、氧熔剂切割、激光切割、等离子切割等作业。

2.2 压力焊作业

指利用焊接时施加一定压力而完成的焊接作业。

适用于电阻焊、气压焊、爆炸焊、摩擦焊、冷压焊、超声波焊、锻焊等作业。

2.3 钎焊作业

指使用比母材熔点低的材料作钎料，将焊件和钎料加热到高于钎料熔点，但低于母材熔点的温度，利用液态钎料润湿母材，填充接头间隙并与母材相互扩散而实现连接焊件的作业。

适用于火焰钎焊作业、电阻钎焊作业、感应钎焊作业、浸渍钎焊作业、炉中钎焊作业，不包括烙铁钎焊作业。

3. 高处作业

指专门或经常在坠落高度基准面 2 米及以上有可能坠落的高处进行的作业。

3.1　登高架设作业

指在高处从事脚手架、跨越架架设或拆除的作业。

3.2　高处安装、维护、拆除作业

指在高处从事安装、维护、拆除的作业。

适用于利用专用设备进行建筑物内外装饰、清洁、装修，电力、电信等线路架设，高处管道架设，小型空调高处安装、维修，各种设备设施与户外广告设施的安装、检修、维护以及在高处从事建筑物、设备设施拆除作业。

4. 制冷与空调作业

指对大中型制冷与空调设备运行操作、安装与修理的作业。

4.1　制冷与空调设备运行操作作业

指对各类生产经营企业和事业等单位的大中型制冷与空调设备运行操作的作业。

适用于化工类（石化、化工、天然气液化、工艺性空调）生产企业，机械类（冷加工、冷处理、工艺性空调）生产企业，食品类（酿造、饮料、速冻或冷冻调理食品、工艺性空调）生产企业，农副产品加工类（屠宰及肉食品加工、水产加工、果蔬加工）生产企业，仓储类（冷库、速冻加工、制冰）生产经营企业，运输类（冷藏运输）经营企业，服务类（电信机房、体育场馆、建筑的集中空调）经营企业和事业等单位的大中型制冷与空调设备运行操作作业。

4.2　制冷与空调设备安装修理作业

指对 4.1 所指制冷与空调设备整机、部件及相关系统进行安装、调试与维修的作业。

5. 煤矿安全作业

5.1　煤矿井下电气作业

指从事煤矿井下机电设备的安装、调试、巡检、维修和故障处理，保证本班机电设备安全运行的作业。

适用于与煤共生、伴生的坑探、矿井建设、开采过程中的井下电钳等作业。

5.2　煤矿井下爆破作业

指在煤矿井下进行爆破的作业。

5.3　煤矿安全监测监控作业

指从事煤矿井下安全监测监控系统的安装、调试、巡检、维修，保证其安全运行的作业。

适用于与煤共生、伴生的坑探、矿井建设、开采过程中的安全监测监控作业。

5.4　煤矿瓦斯检查作业

指从事煤矿井下瓦斯巡检工作，负责管辖范围内通风设施的完好及通风、瓦斯情况检查，按规定填写各种记录，及时处理或汇报发现的问题的作业。

适用于与煤共生、伴生的矿井建设、开采过程中的煤矿井下瓦斯检查作业。

5.5　煤矿安全检查作业

指从事煤矿安全监督检查，巡检生产作业场所的安全设施和安全生产状况，检查并督促处理相应事故隐患的作业。

5.6　煤矿提升机操作作业

指操作煤矿的提升设备运送人员、矿石、矸石和物料，并负责巡检和运行记录的作业。

适用于操作煤矿提升机，包括立井、暗立井提升机，斜井、暗斜井提升机以及露天矿山斜坡卷扬提升的提升机作业。

5.7　煤矿采煤机（掘进机）操作作业

指在采煤工作面、掘进工作面操作采煤机、掘进机，从事落煤、装煤、掘进工作，负责采煤机、掘进机巡检和运行记录，保证采煤机、掘进机安全运行的作业。

适用于煤矿开采、掘进过程中的采煤机、掘进机作业。

5.8　煤矿瓦斯抽采作业

指从事煤矿井下瓦斯抽采钻孔施工、封孔、瓦斯流量测定及瓦斯抽采设备操作等，保证瓦斯抽采工作安全进行的作业。

适用于煤矿、与煤共生和伴生的矿井建设、开采过程中的煤矿地面和井下瓦斯抽采作业。

5.9　煤矿防突作业

指从事煤与瓦斯突出的预测预报、相关参数的收集与分析、防治突出措施的实施与检查、防突效果检验等，保证防突工作安全进行的作业。

适用于煤矿、与煤共生和伴生的矿井建设、开采过程中的煤矿井下煤与瓦斯防突作业。

5.10　煤矿探放水作业

指从事煤矿探放水的预测预报、相关参数的收集与分析、探放水措施的实施与检查、效果检验等，保证探放水工作安全进行的作业。

适用于煤矿、与煤共生和伴生的矿井建设、开采过程中的煤矿井下探放水作业。

6. 金属非金属矿山安全作业

6.1　金属非金属矿井通风作业

指安装井下局部通风机，操作地面主要扇风机、井下局部通风机和辅助通风机，操作、维护矿井通风构筑物，进行井下防尘，使矿井通风系统正常运行，保证局部通风，以预防中毒窒息和除尘等的作业。

6.2　尾矿作业

指从事尾矿库放矿、筑坝、巡坝、抽洪和排渗设施的作业。

适用于金属非金属矿山的尾矿作业。

6.3　金属非金属矿山安全检查作业

指从事金属非金属矿山安全监督检查，巡检生产作业场所的安全设施和安全生产状况，检查并督促处理相应事故隐患的作业。

6.4　金属非金属矿山提升机操作作业

指操作金属非金属矿山的提升设备运送人员、矿石、矸石和物料，及负责巡检和运行记录的作业。

适用于金属非金属矿山的提升机，包括竖井、盲竖井提升机，斜井、盲斜井提升机以及露天矿山斜坡卷扬提升的提升机作业。

6.5　金属非金属矿山支柱作业

指在井下检查井巷和采场顶、帮的稳定性，撬浮石，进行支护的作业。

6.6　金属非金属矿山井下电气作业

指从事金属非金属矿山井下机电设备的安装、调试、巡检、维修和故障处理，保证机电设备安全运行的作业。

6.7　金属非金属矿山排水作业

指从事金属非金属矿山排水设备日常使用、维护、巡检的作业。

6.8 金属非金属矿山爆破作业

指在露天和井下进行爆破的作业。

7. 石油天然气安全作业

7.1 司钻作业

指石油、天然气开采过程中操作钻机起升钻具的作业。

适用于陆上石油、天然气司钻（含钻井司钻、作业司钻及勘探司钻）作业。

8. 冶金（有色）生产安全作业

8.1 煤气作业

指冶金、有色企业内从事煤气生产、储存、输送、使用、维护检修的作业。

9. 危险化学品安全作业

指从事危险化工工艺过程操作及化工自动化控制仪表安装、维修、维护的作业。

9.1 光气及光气化工艺作业

指光气合成以及厂内光气储存、输送和使用岗位的作业。

适用于一氧化碳与氯气反应得到光气，光气合成双光气、三光气，采用光气作单体合成聚碳酸酯，甲苯二异氰酸酯（TDI）制备，4,4'-二苯基甲烷二异氰酸酯（MDI）制备等工艺过程的操作作业。

9.2 氯碱电解工艺作业

指氯化钠和氯化钾电解、液氯储存和充装岗位的作业。

适用于氯化钠（食盐）水溶液电解生产氯气、氢氧化钠、氢气，氯化钾水溶液电解生产氯气、氢氧化钾、氢气等工艺过程的操作作业。

9.3 氯化工艺作业

指液氯储存、气化和氯化反应岗位的作业。

适用于取代氯化，加成氯化，氧氯化等工艺过程的操作作业。

9.4 硝化工艺作业

指硝化反应、精馏分离岗位的作业。

适用于直接硝化法，间接硝化法，亚硝化法等工艺过程的操作作业。

9.5 合成氨工艺作业

指压缩、氨合成反应、液氨储存岗位的作业。

适用于节能氨五工艺法（AMV），德士古水煤浆加压气化法、凯洛格法，甲醇与合成氨联合生产的联醇法，纯碱与合成氨联合生产的联碱法，采用变换催化剂、氧化锌脱硫剂和甲烷催化剂的"三催化"气体净化法工艺过程的操作作业。

9.6 裂解（裂化）工艺作业

指石油系的烃类原料裂解（裂化）岗位的作业。

适用于热裂解制烯烃工艺，重油催化裂化制汽油、柴油、丙烯、丁烯，乙苯裂解制苯乙烯，二氟一氯甲烷（HCFC-22）热裂解制得四氟乙烯（TFE），二氟一氯乙烷（HCFC-142b）热裂解制得偏氟乙烯（VDF），四氟乙烯和八氟环丁烷热裂解制得六氟乙烯（HFP）工艺过程的操作作业。

9.7 氟化工艺作业

指氟化反应岗位的作业。

适用于直接氟化，金属氟化物或氟化氢气体氟化，置换氟化以及其他氟化物的制备等工艺过程的操作作业。

9.8　加氢工艺作业

指加氢反应岗位的作业。

适用于不饱和炔烃、烯烃的三键和双键加氢，芳烃加氢，含氧化合物加氢，含氮化合物加氢以及油品加氢等工艺过程的操作作业。

9.9　重氮化工艺作业

指重氮化反应、重氮盐后处理岗位的作业。

适用于顺法、反加法、亚硝酰硫酸法、硫酸铜触媒法以及盐析法等工艺过程的操作作业。

9.10　氧化工艺作业

指氧化反应岗位的作业。

适用于乙烯氧化制环氧乙烷，甲醇氧化制备甲醛，对二甲苯氧化制备对苯二甲酸，异丙苯经氧化-酸解联产苯酚和丙酮，环己烷氧化制环己酮，天然气氧化制乙炔，丁烯、丁烷、C_4 馏分或苯的氧化制顺丁烯二酸酐，邻二甲苯或萘的氧化制备邻苯二甲酸酐，均四甲苯的氧化制备均苯四甲酸二酐，苊的氧化制 1,8-萘二甲酸酐，3-甲基吡啶氧化制 3-吡啶甲酸（烟酸），4-甲基吡啶氧化制 4-吡啶甲酸（异烟酸），2-乙基己醇（异辛醇）氧化制备 2-乙基己酸（异辛酸），对氯甲苯氧化制备对氯苯甲醛和对氯苯甲酸，甲苯氧化制备苯甲醛、苯甲酸，对硝基甲苯氧化制备对硝基苯甲酸，环十二醇/酮混合物的开环氧化制备十二碳二酸，环己酮/醇混合物的氧化制己二酸，乙二醛硝酸氧化法合成乙醛酸，以及丁醛氧化制丁酸以及氨氧化制硝酸等工艺过程的操作作业。

9.11　过氧化工艺作业

指过氧化反应、过氧化物储存岗位的作业。

适用于双氧水的生产，乙酸在硫酸存在下与双氧水作用制备过氧乙酸水溶液，酸酐与双氧水作用直接制备过氧乙酸，苯甲酰氯与双氧水的碱性溶液作用制备过氧化苯甲酰，以及异丙苯经空气氧化生产过氧化氢异丙苯等工艺过程的操作作业。

9.12　氨基化工艺作业

指氨基化反应岗位的作业。

适用于邻硝基氯苯与氨水反应制备邻硝基苯胺，对硝基氯苯与氨水反应制备对硝基苯胺，间甲酚与氯化铵的混合物在催化剂和氨水作用下生成间甲苯胺，甲醇在催化剂和氨气作用下制备甲胺，1-硝基蒽醌与过量的氨水在氯苯中制备 1-氨基蒽醌，2,6-蒽醌二磺酸氨解制备 2,6-二氨基蒽醌，苯乙烯与胺反应制备 N-取代苯乙胺，环氧乙烷或亚乙基亚胺与胺或氨发生开环加成反应制备氨基乙醇或二胺，甲苯经氨氧化制备苯甲腈，以及丙烯氨氧化制备丙烯腈等工艺过程的操作作业。

9.13　磺化工艺作业

指磺化反应岗位的作业。

适用于三氧化硫磺化法，共沸去水磺化法，氯磺酸磺化法，烘焙磺化法，以及亚硫酸盐磺化法等工艺过程的操作作业。

9.14　聚合工艺作业

指聚合反应岗位的作业。

适用于聚烯烃、聚氯乙烯、合成纤维、橡胶、乳液、涂料黏合剂生产以及氟化物聚合等工艺过程的操作作业。

9.15　烷基化工艺作业

指烷基化反应岗位的作业。

适用于 C-烷基化反应，N-烷基化反应，O-烷基化反应等工艺过程的操作作业。

9.16　化工自动化控制仪表作业

指化工自动化控制仪表系统安装、维修、维护的作业。

10. 烟花爆竹安全作业

指从事烟花爆竹生产、储存中的药物混合、造粒、筛选、装药、筑药、压药、搬运等危险工序的作业。

10.1　烟火药制造作业

指从事烟火药的粉碎、配药、混合、造粒、筛选、干燥、包装等作业。

10.2　黑火药制造作业

指从事黑火药的潮药、浆硝、包片、碎片、油压、抛光和包浆等作业。

10.3　引火线制造作业

指从事引火线的制引、浆引、漆引、切引等作业。

10.4　烟花爆竹产品涉药作业

指从事烟花爆竹产品加工中的压药、装药、筑药、褙药剂、已装药的钻孔等作业。

10.5　烟花爆竹储存作业

指从事烟花爆竹仓库保管、守护、搬运等作业。

11. 应急管理部（原称：安全监管总局）认定的其他作业

特种设备判定依据

1. 锅炉

指利用各种燃料、电或者其他能源，将所盛装的液体加热到一定的参数，并对外输出热能的设备，其范围规定为容积大于或者等于 30L 的承压蒸汽锅炉；出口水压大于或者等于 0.1MPa（表压），且额定功率大于或者等于 0.1MW 的承压热水锅炉；有机热载体锅炉。

2. 压力容器

指盛装气体或者液体，承载一定压力的密闭设备，其范围规定为最高工作压力大于或者等于 0.1MPa（表压），且压力与容积的乘积大于或者等于 2.5MPa·L 的气体、液化气体和最高工作温度高于或者等于标准沸点的液体的固定式容器和移动式容器；盛装公称工作压力大于或者等于 0.2MPa（表压），且压力与容积的乘积大于或者等于 1.0MPa·L 的气体、液化气体和标准沸点等于或者低于 60℃液体的气瓶、氧舱等。

3. 压力管道

指利用一定的压力，用于输送气体或者液体的管状设备，其范围规定为最高工作压力大于或者等于 0.1MPa（表压）的气体、液化气体、蒸汽介质或者可燃、易爆、有毒、有腐蚀性、最高工作温度高于或者等于标准沸点的液体介质，且公称直径大于 25mm 的管道。

4. 电梯

指动力驱动，利用沿刚性导轨运行的箱体或者沿固定线路运行的梯级（踏步），进行升降或者平行运送人、货物的机电设备，包括载人（货）电梯、自动扶梯、自动人行道等。

5. 起重机械

指用于垂直升降或者垂直升降并水平移动重物的机电设备，其范围规定为额定起重量大于或者等于 0.5t 的升降机；额定起重量大于或者等于 1t，且提升高度大于或者等于 2m 的起重机和承重形式固定的电动葫芦等。

6. 客运索道

指动力驱动，利用柔性绳索牵引箱体等运载工具运送人员的机电设备，包括客运架空索道、客运缆车、客运拖牵索道等。

7. 大型游乐设施

指用于经营目的，承载乘客游乐的设施，其范围规定为设计最大运行线速度大于或者等于 2m/s，或者运行高度距地面高于或者等于 2m 的载人大型游乐设施。

8. 场（厂）内专用机动车辆

指除道路交通、农用车辆以外仅在工厂厂区、旅游景区、游乐场所等特定区域使用的专用机动车辆。

■ 知识拓展

安全管理法则

◎多米诺法则

在多米诺骨牌游戏中，一枚骨牌被碰倒了，将会发生连锁反应，其余所有骨牌都会相继被碰倒。如果移去中间的一枚骨牌，则连锁被破坏，骨牌依次倒下的过程被中止。

事故的发生往往是由于人的不安全行为、机械的不安全状态、管理的缺陷以及环境的不安全因素等诸多问题造成的。如果消除或避免上述部分问题，中断事故连锁的进程，就能避免事故的发生。

在安全生产管理中，就是要采取一切措施，想方设法，消除一个又一个隐患。其中，控制人的不安全行为和增强人的安全意识相对投入较少，企业应定期组织各种形式的安全培训，开展安全教育活动，并对取得的成果进行评价分析，从而避免重大事故的发生。

◎海因里希法则

海因里希法则是美国著名安全工程师海因里希提出的 300∶29∶1 法则。这个法则的意思是说，当企业存在 300 个隐患时，必然要发生 29 起轻伤事故或故障，在这 29 起轻伤事故或故障当中，必然包含 1 起重伤、死亡事故。

对待事故要举一反三，不能就事论事。任何事故的发生都不是偶然的，事故的背后必然存在大量的隐患和不安全因素。所以，在安全管理工作中，排除身边人的不安全行为、物的不安全状态等各种隐患是首要任务。隐患排查要做到预知，隐患整改要做到预控，从而消除一切不安全因素，确保不发生事故。

◎九零法则

安全生产工作不能打折扣，安全生产工作 90 分不算合格。

$$90\% \times 90\% \times 90\% \times 90\% \times 90\% = 59.049\%$$

主要负责人安排工作，分管领导、主管部门负责人、队长、班组长、一线人员如果人人都按 90 分完成，安全生产执行力层层衰减，最终的结果就是不及格（59.049），就会出问题。

◎金字塔法则

系统设计 1 分安全性＝10 倍制造安全性＝1000 倍应用安全性。企业在生产前发现一项缺陷并加以弥补，仅需 1 元钱；如果在生产线上被发现，需要花 10 元钱的代价来弥补；如果在市场上被消费者发现，则需要花费 1000 元的代价来弥补。

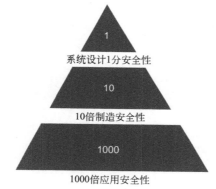

金字塔法则告诉我们：安全生产工作中，一定要坚持预防为主，尽可能地把任何事故都消灭在萌芽状态。

【三违】

违章指挥，违章作业，违反劳动纪律

【三无目标管理】

个人无违章，岗位无隐患，班组无事故

【生产厂区十四个不准】

1. 加强明火管理，厂区内不准吸烟；

2. 生产区内，不准未成年人进入；

3. 上班时间，不准睡觉、干私活和干与工作无关的事；

4. 在班前、班上不准喝酒；

5. 不准使用汽油等易燃液体擦拭设备、用具和衣物；

6. 不按规定穿戴劳动防护用品，不准进入生产岗位；

7. 安全装置不齐全的设备不准使用；

8. 不是自己分管的设备、工具不准使用；

9. 检修设备时安全措施不落实，不准开始检修；

10. 停机检修后的设备，未经彻底检查，不准启用；

11. 未办高处作业证，不系安全带，脚手架、跳板不牢不准登高作业；

12. 石棉瓦上不固定跳板，不准作业；

13. 未安装触电保护器的移动式电动工具，不准使用；

14. 未取得安全作业证的员工，不准独立作业，特殊工种员工，未经取证不准作业。

第三章

化工企业事故预防与应急救援

第一节　应急预案

一、应急预案体系

生产经营单位应根据本单位组织管理体系、生产经营规模、危险源和可能发生的事故类型，确定应急预案体系，组织编制相应的应急预案。

应急预案，是指针对可能发生的事故，为迅速、有序地开展应急行动而预先制定的行动方案。

1. 综合应急预案

综合应急预案是从总体上阐述事故的应急方针、政策，包括本单位的应急组织机构及职责、预案体系及响应程序、事故预防及应急保障、预案管理等内容。风险种类多、可能发生多种事故类型的生产经营单位，应当组织编制综合应急预案。

2. 专项应急预案

专项应急预案是针对可能发生的具体事故类型而制定的应急预案。专项应急预案主要包括危险性分析、应急组织机构与职责、应急处置程序和措施等内容。风险种类少的生产经营单位可根据本单位应急工作实际需要确定是否编制专项应急预案。

例如，某大型化工企业编制的专项应急预案包括：职业中毒气防救护专项预案、物料泄漏专项预案、火灾爆炸专项预案、剧毒化学品事故专项预案、主要生产装置非计划停工事故专项预案、公用工程系统事故专项预案、特种设备事故专项预案、厂内交通事故专项预案、防洪防汛专项预案、破坏性地震专项预案、防控突发公共卫生事件专项预案、公司大型集会突发事件专项预案等。

3. 现场处置方案

现场处置方案是根据不同事故类别，针对具体的场所、装置或设施所制定的应急处置措施，应当包括危险性分析、可能发生的事故特征、应急处置程序、应急处置要点和注意事项等内容。现场处置方案应根据风险评估、岗位操作规程以及危险性控制措施，组织现场作业人员进行编制，做到现场作业人员应知应会，熟练掌握，并经常进行演练。

例如，某煤制甲醇企业编制的现场处置方案如表 3-1 所示。

表 3-1　煤制甲醇企业现场处置方案

变换水煤气泄漏现场处置方案	甲醇泄漏现场处置方案
低甲酸性气泄漏现场处置方案	冷冻机组跳车现场处置方案
冷冻丙烯泄漏现场处置方案	硫回收酸性气泄漏现场处置方案
硫黄包装库着火现场处置方案	硫回收燃料气泄漏着火现场处置方案
合成机组跳车现场处置方案	合成断电现场处置方案
精馏甲醇泄漏现场处置方案	精馏断电现场处置方案
甲醚混合液泄漏现场处置方案	甲醚碱灼伤事故现场处置方案
气化装置事故现场处置方案	空分受限空间窒息现场处置方案
空分机组着火人员疏散现场处置方案	氧气管道泄漏现场处置方案
液氧泵电机着火现场处置方案	液氧泵跳车现场处置方案
液氧泵不打量现场处置方案	空冷塔带水现场处置方案
空压机组仪表空气压力低现场处置方案	主蒸汽参数变化现场处置方案
空压机组循环水中断事故现场处置方案	空冷器风机电机断电现场处置方案
全部电脑死机和黑屏现场处置方案	机组油系统着火现场处置方案
低温液体储罐泄漏现场处置方案	装车管道泄漏现场处置方案
罐车溢流事故现场处置方案	灌装槽车自溜车事故现场处置方案
电梯事故现场处置方案	起重事故现场处置方案
触电事故现场处置方案	电气火灾事故现场处置方案
变电所失电事故现场处置方案	控制系统故障现场处置方案
UPS 电源故障现场处置方案	断电晃电自控设备现场处置方案
公用事业中心现场处置方案	仪表空气大量泄漏现场处置方案
锅炉紧急停车现场处置方案	蒸汽过热器跳车及蒸汽平衡现场处置方案
高压蒸汽波动空分机组现场处置方案	低压氮气管网压力低及短时中断现场处置方案
生产系统停水现场处置方案	全厂停电现场处置方案
调度室紧急停车现场处置	蒸汽平衡现场处置方案
锅炉泄漏、爆管事故现场处置方案	空分跳车时锅炉现场处置方案
给水系统事故现场处置方案	脱盐水告急或中断事故处置方案
烟气系统故障事故现场处置方案	锅炉系统异常现场处置方案
物体打击、高处坠落现场处置方案	冻伤现场处置方案
淹溺、烧烫伤、中暑现场处置方案	现场止血现场处置方案
仓库火灾现场处置方案	槽车泄漏和着火现场处置方案

二、应急救援组织机构

　　生产经营单位应及时成立应急救援管理机构，明确管理体系及各级部门的相应职责。公司的最高应急指挥机构为应急指挥部，大型企业应急指挥部可以设两个常设办事机构，分别为应急值守办公室和应急管理办公室。

　　应急指挥部下设成立工程抢险组、生产技术组、物资供应组等，如图 3-1 所示。

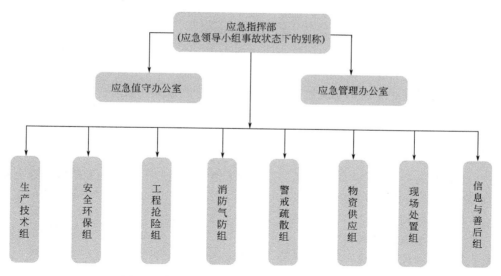

图 3-1　某化工企业生产安全应急救援组织机构图

1. 应急指挥部

应急指挥部是公司应急领导小组在事故状态下的别称，应急指挥部总指挥一般由公司总经理担任，副总指挥由分管安全生产的副总经理担任，其他公司领导担任协调指挥。遇总指挥不在时，由副总指挥担任总指挥；总指挥和副总指挥都不在时，可按到达现场的协调指挥在公司领导班子成员的排序自然代理总指挥。特殊情况下，总指挥或代理总指挥经总指挥授权可任命有关领导担任总指挥。

应急指挥部职责如下：

① 下达预警或预警解除、公司级应急预案启动指令；

② 审定公司生产安全事故应急预案，统一协调应急资源；

③ 负责现场应急指挥，收集现场信息，核实现场情况，制定和调整现场应急处置方案并组织实施；

④ 确定应急指挥部人员名单和专家组名单，并下达派出指令；

⑤ 研判事故发展态势，组织、协调、指挥基层单位及外部应急救援力量开展应急救援工作；

⑥ 及时组织向上级公司、地方政府及部门汇报处置情况，并配合其应急工作；

⑦ 核实应急终止条件，下达应急终止指令；

⑧ 收集、整理应急处置过程的有关资料；

⑨ 审定并签发向上级公司及政府主管部门的事故报告；

⑩ 审核应急信息发布材料，组织报送至上级公司。

2. 应急值守办公室

应急值守办公室一般设在生产管理部（调度室），是应急指挥部的常设执行机构，办公室主任由生产管理部负责人担任。其职责如下：

① 负责公司 24h 应急值班工作；

② 接受应急事故报告，并持续跟踪事故动态级处置情况，及时向公司应急指挥中心汇报，请示并落实指令；

③ 按照公司应急指挥中心指令，按程序通知应急小组有关人员，并保持信息沟通渠道，汇总传递有关信息；

④ 按照公司应急指挥中心指令，负责向煤制油化工公司应急值守办公室进行事故汇报；

⑤ 调度非事故装置生产调整，配合事故装置应急处置；

⑥ 负责应急过程中，生产调度过程记录及有关资料的收集与整理；

⑦ 按应急指挥部指令，进行应急资源的协调工作；

⑧ 负责公司应急指挥中心交办的其他工作。

3. 应急管理办公室

应急管理办公室一般设在安健环部，是公司应急指挥中心的日常协调机构，办公室主任由安健环部负责人担任。其职责如下：

① 负责组织编制、修订和报备公司应急预案；

② 组织公司级应急培训和演练；

③ 负责与上级公司和政府安监、环保部门应急工作的对接、协调；

④ 按照应急指挥部指令，向政府主管部门进行应急事故报告；

⑤ 组织或参与事故调查，参与生产安全事故抢险救灾技术方案的论证；

⑥ 完成应急管理领导小组交办的其他工作。

其他工作小组根据分工履行各自工作职责。

第二节　应急救援

一、基本原则

1. 坚持救人第一、防止灾害扩大的原则

在保障施救人员安全的前提下，果断抢救受困人员的生命，迅速控制危险化学品事故现场，防止灾害扩大。

2. 坚持统一领导、科学决策的原则

由现场指挥部和总指挥部根据预案要求和现场情况变化领导应急响应和应急救援，现场指挥部负责现场具体处置，重大决策由总指挥部决定。

3. 坚持信息畅通、协同应对的原则

总指挥部、现场指挥部与救援队伍应保证实时互通信息，提高救援效率，在事故单位开展自救的同时，外部救援力量根据事故单位的需求和总指挥部的要求参与救援。

二、基本程序

1. 应急响应

① 事故单位应立即启动应急预案，组织成立现场指挥部，制定科学、合理的救援方案，并统一指挥实施。

② 事故单位在开展自救的同时，应按照有关规定向当地政府部门报告。成立总指挥部，明确总指挥、副总指挥及有关成员单位或人员职责分工。

③ 现场指挥部根据情况，划定本单位警戒隔离区域，抢救、撤离遇险人员，制定现场

处置措施（工艺控制、工程抢险、防范次生衍生事故），及时将现场情况及应急救援进展报总指挥部，向总指挥部提出外部救援力量、技术、物资支持、疏散公众等请求和建议。

④ 总指挥部根据现场指挥部提供的情况对应急救援进行指导，划定事故单位周边警戒隔离区域，根据现场指挥部请求调集有关资源、下达应急疏散指令。

⑤ 外部救援力量根据事故单位的需求和总指挥部的协调安排，与事故单位合力开展救援。

现场指挥部和总指挥部应及时了解事故现场情况，主要了解下列内容：

① 遇险人员伤亡、失踪、被困情况。

② 危险化学品危险特性、数量、应急处置方法等信息。

③ 周边建筑、居民、地形、电源、火源等情况。

④ 事故可能导致的后果及对周围区域的可能影响范围和危害程度。

⑤ 应急救援设备、物资、器材、队伍等应急力量情况。

⑥ 有关装置、设备、设施损毁情况。

现场指挥部和总指挥部根据情况变化，对救援行动及时作出相应调整。事故发生后，有关组织或人员采取的应急行动。

2. 警戒隔离

① 根据现场危险化学品自身及燃烧产物的毒害性、扩散趋势、火焰辐射热和爆炸、泄漏所涉及的范围等相关内容对危险区域进行评估，确定警戒隔离区。

② 在警戒隔离区边界设警示标志，并设专人负责警戒。

③ 对通往事故现场的道路实行交通管制，严禁无关车辆进入。清理主要交通干道，保证道路畅通。

④ 合理设置出入口，除应急救援人员外，严禁无关人员进入。

⑤ 根据事故发展、应急处置和动态监测情况，适当调整警戒隔离区。

3. 人员防护与救护

① 应急救援人员防护。

② 遇险人员救护。

③ 公众安全防护。

4. 现场处置

（1）火灾爆炸事故处置　扑灭现场明火应坚持先控制后扑灭的原则。依危险化学品性质、火灾大小采用冷却、堵截、突破、夹攻、合击、分割、围歼、破拆、封堵、排烟等方法进行控制与灭火。

根据危险化学品特性，选用正确的灭火剂。禁止用水、泡沫等含水灭火剂扑救遇湿易燃物品、自燃物品火灾；禁用直流水冲击扑灭粉末状、易沸溅危险化学品火灾；禁用砂土盖压扑灭爆炸品火灾；宜使用低压水流或雾状水扑灭腐蚀品火灾，避免腐蚀品溅出；禁止对液态轻烃强行灭火。

根据现场情况和预案要求，及时决定有关设备、装置、单元或系统紧急停车，避免事故扩大。

（2）泄漏事故处置　在生产过程中发生泄漏，事故单位应根据生产和事故情况，及时采取控制措施，防止事故扩大。采取停车、局部打循环、改走副线或降压堵漏等措施。

在其他储存、使用等过程中发生泄漏，应根据事故情况，采取转料、套装、堵漏等控制措施。

对气体泄漏物可采取喷雾状水、释放惰性气体、加入中和剂等措施，降低泄漏物的浓度或燃爆危害。喷水稀释时，应筑堤收容产生的废水，防止水体污染。

对液体泄漏物可采取容器盛装、吸附、筑堤、挖坑、泵吸等措施进行收集、阻挡或转移。若液体具有挥发及可燃性，可用适当的泡沫覆盖泄漏液体。

（3）中毒窒息事故处置 立即将染毒者转移至上风向或侧上风向空气无污染区域，并进行紧急救治。

经现场紧急救治，伤势严重者立即送医院观察治疗。

5. 现场监测
① 对可燃、有毒有害危险化学品的浓度、扩散等情况进行动态监测。
② 测定风向、风力、气温等气象数据。
③ 确认装置、设施、建（构）筑物已经受到的破坏或潜在的威胁。
④ 监测现场及周边污染情况。
⑤ 现场指挥部和总指挥部根据现场动态监测信息，适时调整救援行动方案。

6. 洗消
① 在危险区与安全区交界处设立洗消站。
② 使用相应的洗消药剂，对所有染毒人员及工具、装备进行洗消。

7. 现场清理
① 彻底清除事故现场各处残留的有毒有害气体。
② 对泄漏液体、固体应统一收集处理。
③ 对污染地面进行彻底清洗，确保不留残液。
④ 对事故现场空气、水源、土壤污染情况进行动态监测，并将监测信息及时报告现场指挥部和总指挥部。
⑤ 洗消污水应集中净化处理，严禁直接外排。
⑥ 若空气、水源、土壤出现污染，应及时采取相应处置措施。

8. 信息发布
① 事故信息由总指挥部统一对外发布。
② 信息发布应及时、准确、客观、全面。

9. 救援结束
① 事故现场处置完毕，遇险人员全部救出，可能导致次生、衍生灾害的隐患得到彻底消除或控制，由总指挥部发布救援行动结束指令。
② 清点救援人员、车辆及器材。
③ 解除警戒，指挥部解散，救援人员返回驻地。
④ 事故单位对应急救援资料进行收集、整理、归档，对救援行动进行总结评估，并报上级有关部门。

🔲 知识拓展

救护技能

◎企业小型急救箱基本配置

企业小型急救箱基本配置如图 3-2 所示。

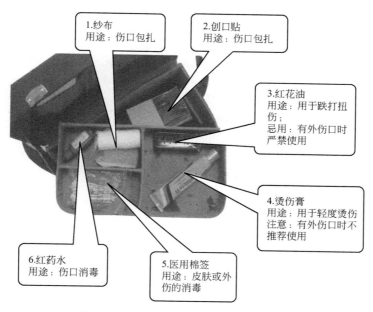

1.纱布
用途：伤口包扎

2.创口贴
用途：伤口包扎

3.红花油
用途：用于跌打扭伤；
忌用：有外伤口时严禁使用

4.烫伤膏
用途：用于轻度烫伤
注意：有外伤口时不推荐使用

6.红药水
用途：伤口消毒

5.医用棉签
用途：皮肤或外伤的消毒

图 3-2　企业小型急救箱基本配置

◎一般止血方法

（1）按压止血法　按压止血法是一种简单有效的临时性止血方法。它根据动脉的走向，在出血伤口的近心端，通过用手按压迫血管，使血管闭合而达到临时止血的目的，然后再选择其他的止血方法。

按压止血法适用于头、颈部和四肢的动脉出血，如图3-3所示。

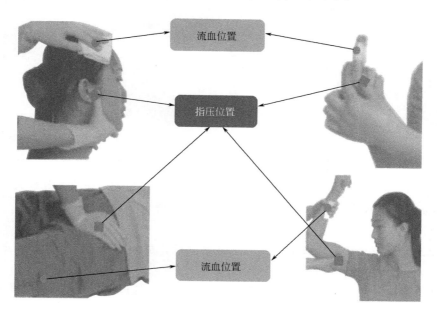

图 3-3　按压止血法

（2）加垫屈肢止血法　适用于上肢和小腿出血。骨折或关节有伤时不可采用，如图3-4所示。

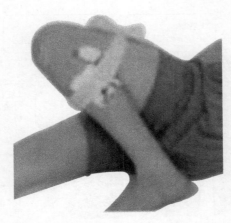

图 3-4　加垫屈肢止血法

（3）加压包扎止血法　急救中最常用的止血方法之一，适用小动脉、静脉及毛细血管出血。

方法：用止血纱布（消毒纱布）或干净的手帕、毛巾、衣物等敷于伤口上，然后用三角巾或绷带加压包扎。压力以能止住血而又不影响伤肢的血液循环为合适。若伤处有骨折时，须另加夹板固定，如图 3-5 所示。

关节脱位及伤口内有碎骨存在时勿用此法。

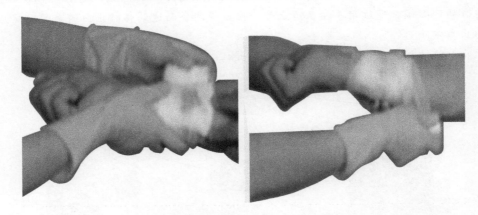

图 3-5　加压包扎止血法

（4）止血带止血法　当遇到四肢大动脉出血，且使用上述方法止血无效时采用的一种方法。常用的止血带有橡皮带、布条止血带等，如图 3-6 所示。

注意事项：

① 上止血带时，皮肤与止血带之间不能直接接触，应加垫敷料、布垫或将止血带上在衣裤外面，以免损伤皮肤。

② 上止血带要松紧适宜，以能止住血为度。扎松了不能止血，扎得过紧容易损伤皮肤、神经、组织，引起肢体坏死。

③ 上止血带时间过长，容易引起肢体坏死。因此，止血带上好后，要记录上止血带的时间，并每隔 40～50min 放松一次，每次放松 1～3min。为防止止血带放松后大量出血，放松期间应在伤口处加压止血。

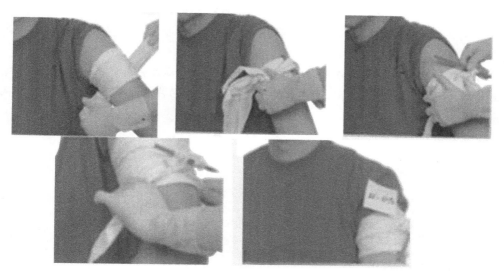

图 3-6　止血带止血法

④ 运送伤者时，上止血带处要有明显标志，不要用衣物等遮盖伤口，以妨碍观察，并用标签注明上止血带的时间和放松止血带的时间。

◎烫伤救护

根据烫伤程度，分为三度烫伤。

（1）一度烫伤

症状：烫伤只损伤皮肤表层，局部轻度红肿、无水泡、疼痛明显。

救护方法：发生小面积的一度烫伤，脱去衣物后，用自来水冲洗半小时后，在创面上涂上烫伤膏即可。

（2）二度烫伤

症状：烫伤是真皮损伤，局部红肿疼痛，有大小不等的水泡。

救护方法：发生小面积的二度烫伤时，不可水洗，去除衣物之后，在创面上涂烫伤膏后需要用纱布包扎，包扎松紧适度，不要弄破水泡，要迅速到医院治疗。

（3）三度烫伤

症状：烫伤是皮下，脂肪、肌肉、骨骼都有损伤，并呈灰或红褐色。

救护方法：发生三度烫伤时，应立即用干冷纱布包住创面，并及时送往医院。

注意：切不可在创面上涂紫药水或烫伤膏类药物，影响病情观察及处理。

另外对于大面积（30％以上的身体表面积）的烫伤切忌不可用水冲洗患者，应立即送往医院。如果发生身上衣物着火，应脱去衣物或卧倒滚动，切忌奔跑，切忌直接用灭火器对人喷射。

（4）烫伤后的急救处理

① 迅速避开热源。

② 采取"冷散热"的措施，在水龙头下用冷水持续冲洗伤部，或将伤处置于盛冷水的容器中浸泡，持续 30min，以脱离冷源后疼痛已显著减轻为准。这样可以使伤处迅速、彻底地散热，使皮肤血管收缩，减少渗出与水肿，缓解疼痛，减少水泡形成，防止创面形成疤痕。这是烧烫伤后的最佳的、也是最可行的治疗方案。

③ 将覆盖在伤处的衣裤剪开，以避免使皮肤的烫伤发重。

④ 创面不要用红药水、紫药水等有色药液，以免影响医生对烫伤深度的判断，也不要用碱面、酱油、牙膏等乱敷，以免造成感染。

⑤ 水泡可在低位用消毒针头刺破，转运时创面应以消毒敷料或干冷衣被遮盖保护。

注意：烫伤发生后，千万不要揉搓、按摩、挤压烫伤的皮肤，也不要急着用毛巾拭擦。

◎心肺复苏术（CPR）

（1）应急处理

第一步：碰到意外情况时，首先应高声呼叫伤者，判断其是否有意识。

第二步：如伤者没有意识，应拨打120急救电话。

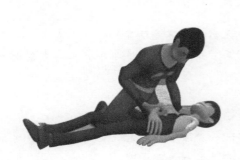 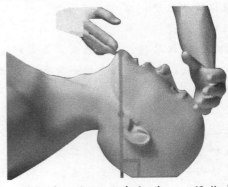

第三步：用手托住伤者后脑勺，轻轻将其翻成仰卧姿势，放在坚硬的平面上。

第四步：打开伤者气道，以便伤者更好的呼吸。

（2）人工呼吸

第一步：判断是否有呼吸

第二步：除去嘴中异物

第三步：口对口人工呼吸时，捏紧伤者鼻翼

第四步：缓慢吹入，一分钟 12～15 次为宜

（3）胸外按压

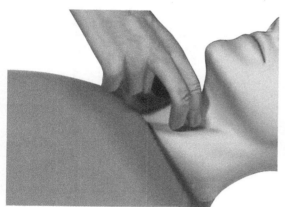

第一步：判断是否有脉搏

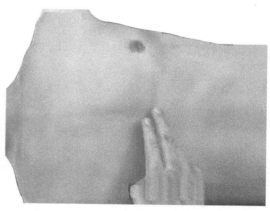

第二步：找到按压定位点

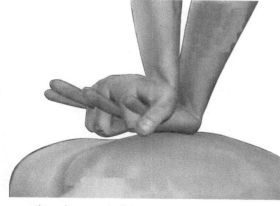

第三步：双手掌根同向重叠，十指相扣，掌心翘起，手指离开胸壁，双臂伸直与地面垂直，上半身前倾

第四步：成人下压深度为 4～5cm，按压频率为一分钟 100 次为宜

注意：当双人操作时，按压 5 次，吹气 1 次；单人操作时，15 次胸外按压后，吹气 2 次。

练 习 题

一、单选题

1. 易燃液体在运输、泵送、灌装时要有良好的（　　）装置，防止静电积聚。

A. 接地　　　　　　　　B. 防火　　　　　　　　C. 监测

2. 静电最为严重的危险是（　　）。

A. 妨碍生产　　　　　　B. 静电电击　　　　　　C. 引起爆炸和火灾

3. 衡量可燃性液体火灾危险性大小的主要参数是（　　）。

A. 沸点　　　　　　　　B. 闪点　　　　　　　　C. 燃点

4. 重大危险源是指长期地或临时地生产、加工、使用或储存危险物质，且危险物质的数量等于或超过（　　）的单元。

A. 大量　　　　　　　　B. 小量　　　　　　　　C. 临界量

5. 适用于扑救带电火灾的灭火介质或灭火器是（　　）。

A. 水、泡沫灭火器　　　　　　　　　B. 干粉、泡沫灭火器

C. 干粉灭火器、二氧化碳灭火器　　　D. 水、干粉灭火器

6. 气瓶瓶阀冻结时，可以采用以下方法解冻（　　）。

A. 移到较暖处，用温水解冻

B. 用明火烘烤

C. 用电炉加热

7. 发生危险化学品事故后，应该向（　　）方向疏散。

A. 下风　　　　　　　　B. 上风　　　　　　　　C. 顺风　　　　　　　　D. 原地

8. 爆炸极限范围越大，则发生爆炸的危险性（　　）。

A. 越大　　　　　　　　B. 越小　　　　　　　　C. 无关

9. 未经安全生产教育和培训合格的从业人员，（　　）。

A. 可以临时聘用　　　　　　　　　　B. 不得上岗作业

C. 经领导批准可以上岗

10. 从业人员有权拒绝（　　）。

A. 领导指挥　　　　　　B. 老板指挥　　　　　　C. 违章指挥

11. （　　）应持证上岗。

A. 特种作业人员　　　　B. 新入厂人员　　　　　C. 转岗人员

12. 易燃易爆场所中不能使用（　　）工具。

A. 铁制　　　　　　　　B. 铜制　　　　　　　　C. 木制

13. 使用干粉灭火器扑灭火灾时，灭火剂由近及远喷射火焰的（　　）。

A. 上部　　　　　　　　B. 根部　　　　　　　　C. 边部

14. 爆炸性混合气体发生爆炸的条件必须满足（　　）。

A. 足够的可燃气体　　　　　　　　　B. 足够的助燃气体

C. 点火源和达到爆炸极限

15. 爆炸下限小于10%的气体属于（　　）类可燃性危险物品。

A. 甲　　　　　　　　　B. 乙　　　　　　　　　C. 丙　　　　　　　　　D. 丁

16. 在锅炉、金属容器内或特别潮湿的场所作业，禁止使用超过（　　）的电压。

A. 6V　　　　　　　B. 12V　　　　　　　C. 24V

17. 乙炔瓶的储存仓库，应避免阳光直射，与明火距离不得小于（　　）。

A. 10m　　　　　　B. 15m　　　　　　C. 20m

18. 安全带的正确挂扣应该是（　　）。

A. 同一水平　　　　B. 低挂高用　　　　C. 高挂低用

19. 进入设备内动火，同时还需分析测定空气中有毒有害气体和氧含量，有毒有害气体含量不得超过《工业企业设计卫生标准》中规度的最高容许含量，氧含量应为（　　）。

A. 10%～20%　　　B. 18%～20%　　　C. 18%～30%　　　D. 18%～21%

20. 生产经营单位新建、改建、扩建工程项目（以下统称建设项目）的安全设施，必须与主体工程（　　）。

A. 同时设计、同时施工

B. 同时设计、同时施工、同时投入生产

C. 同时设计、同时施工、同时投入生产和使用

D. 同时施工、同时投入生产和使用

21. 根据《生产安全事故应急预案管理办法》，针对具体的装置、场所或设施、岗位所制定的应急处置措施，称为（　　）。

A. 行业应急预案　　B. 综合应急预案　　C. 专项应急预案　　D. 现场处置方案

二、判断题

1. 生产经营单位的从业人员必须经过安全培训并经考核合格后方可上岗。（　　）

2. 人的基本安全素质包括：安全知识、安全技能、安全意识。（　　）

3. 凡有爆炸和火灾危险的区域，操作人员必须穿防静电鞋或导电鞋、防静电工作服。（　　）

4. 在爆炸危险场所严禁穿脱衣服、鞋靴，不准梳头。（　　）

5. 装卸和搬运易燃液体中，必须轻装轻卸，严禁滚动、摩擦、拖拉等危及安全的操作。（　　）

6. 停电检修作业时，确定停电的依据是电源指示灯熄灭。（　　）

7. 生产场所与作业地点的紧急通道和紧急出入口均应设置明显的标志和指示箭头。（　　）

8. 禁止在具有火灾、爆炸危险的场所使用明火；因特殊情况需要使用明火作业的，应按规定办理审批手续。（　　）

9. 发生电气火灾时尽可能先断电源，后灭火。（　　）

10. 危险化学品的标志使用原则：当一种危险化学品具有一种以上的危险性时，应该用主标志表示主要危险性类别，并用副标志表示重要的其他的危险类别。（　　）

第二单元

化工企业职业卫生篇

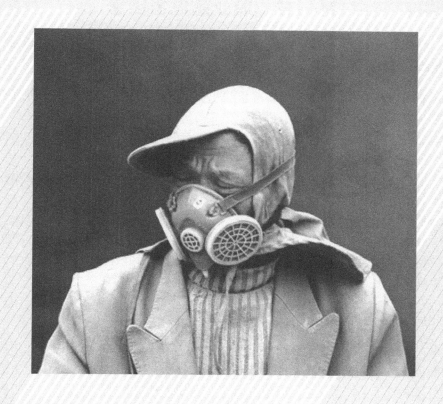

"职业病防治事关劳动者身体健康和生命安全，事关经济发展和社会稳定大局。"——摘录自《国家职业病防治规划（2016～2020年）》

第四章

职业病危害及防护

第一节 职业病危害因素

一、职业病分类

职业病是指企业、事业单位和个体经济组织等用人单位的劳动者在职业活动中，因接触粉尘、放射性物质和其他有毒、有害因素而引起的疾病。

我国职业病防治工作坚持"预防为主、防治结合"的方针，建立用人单位负责、行政机关监管、行业自律、职工参与和社会监督的机制，实行分类管理、综合治理。

《职业病分类和目录》为 2013 年国家卫生计生委会等 4 部门公布，将职业病种类细分为十大类共计 132 种（含 4 项开放性条款）。

在综合考虑《职业病危害因素分类目录》所列各类职业病危害因素及其可能产生的职业病和建设项目可能产生职业病危害的风险程度的基础上，2012 年国家安全监管总局公布了《建设项目职业病危害风险分类管理目录》，该目录将职业病危害风险分为严重、较重和一般三类，化学原料和化学制品制造业属于严重类。

二、职业病危害因素

近年来，随着工业化、城镇化的加速发展，经济转型及产业结构的调整，新技术、新工艺、新设备和新材料的推广应用，劳动者在职业活动中接触的职业病危害因素更为多样、复杂。为切实保障劳动者健康权益，国家卫生计生委会同国家安全监管总局、人力资源社会保障部和全国总工会对《职业病危害因素分类目录》进行了修订。现行《职业病危害因素分类目录》将职业病危害因素分为六大类，包括粉尘 52 种，化学因素 375 种，物理因素 15 种，放射性因素 8 种，生物因素 8 种，其他因素 3 种。

化工企业生产过程中存在的主要职业病危害因素有生产性粉尘（如煤尘、石灰石粉尘、其他粉尘、矽尘、电焊烟尘，等）、有毒物质（如 $NaOH$、H_2S、HCl、H_2SO_4、CO、NO_x、SO_2、COS、NH_3、甲醇、氯、锰及其化合物、臭氧、催化剂、阻垢剂，等）、物理因素（如噪声、高温、工频电场、紫外辐射，等）。

以某化工企业煤制甲醇项目为例进行作业场所职业病危害因素分析。首先对各生产装置的职业病危害因素进行识别，根据工艺流程分析该项目生产过程中可能存在的职业病危害因素分布，结果如表 4-1 所示。

表 4-1　生产过程中可能存在的职业病危害因素分布情况

车间名称	序号	作业场所	接触方式	职业病危害因素
主要生产系统	1	原煤储存与制备	操作兼巡检	煤尘、石灰石粉尘、噪声
	2	煤浆制备	操作兼巡检	煤尘、添加剂(碱液)、噪声
	3	气化	操作兼巡检	硅尘、CO、H_2S、COS、噪声、高温
	4	灰水处理	操作兼巡检	CO、H_2S、噪声
	5	沉渣池	操作兼巡检	噪声
	6	变换工序	操作兼巡检	CO、H_2S、COS、NH_3、噪声、高温
	7	低温甲醇洗	操作兼巡检	CO、H_2S、COS、噪声、低温
	8	硫回收	操作兼巡检	硫黄粉尘、H_2S、SO_2、噪声、高温
	9	甲醇合成	操作兼巡检	CO、甲醇、噪声、高温
	10	甲醇精馏	操作兼巡检	甲醇、杂醇、NaOH、噪声
	11	氢回收	操作兼巡检	CO
辅助装置	1	综合维修	操作	电焊烟尘、锰及其化合物、CO、NO_2、臭氧、紫外辐射
	2	自动控制系统	操作	视频作业
	3	火炬	巡检	CO、H_2S、NH_3、SO_2、高温
	4	空分装置	操作兼巡检	噪声、振动
	5	冷冻站	操作兼巡检	NH_3、噪声、低温
	6	分析中心	操作	现场职业病危害因素及化验试剂
公用工程	1	给排水系统	操作兼巡检	循环水杀菌剂氯、pH 调节剂碱液、缓释阻垢剂、SBR 反应产生有毒物质氨、浓盐水处理站用到浓硫酸、噪声
	2	供配电系统	操作兼巡检	工频电场、噪声
	3	供热系统	操作兼巡检	煤尘、硅尘、石灰石粉尘、CO、SO_2、NO_x、NH_3、HCl、NaOH、高温、噪声
储存	1	罐区	操作兼巡检	甲醇、杂醇

第二节　职业病危害防护技术措施

职业病危害防护技术措施设计依据《工业企业设计卫生标准》《化工企业安全卫生设计规定》《工作场所防止职业中毒卫生工程防护措施规范》等有关标准、规范执行。

一、防尘防毒措施

1. 采用 DCS 控制系统

采用 DCS 控制系统，实现对生产过程的自动控制，减少工人在作业现场接触有毒、有害物质的时间。

2. 设置控制室

在车间设置控制室，除巡检和必要的现场操作外，实现劳动者基本不在现场停留，减少了劳动者接触有毒、有害物质的时间。

3. 设置除尘设施

① 物料储存和运输过程减少外露部分，消除粉末物料的飞扬流失和污染环境。

② 易于产生粉尘的设备加以密封，溜管及连接处加垫，以减少漏风量，提高除尘效率。

③ 分级筛、转运站等扬尘点均设置除尘器，同时加强防止二次扬尘的防护措施。

④ 转运站、破碎机室及皮带输送廊按照封闭式设计，露天堆场设洒水抑尘设施，以防止粉尘逸散造成二次扬尘。

4. 设置防毒设施

① 生产装置适当集中并尽量采用露天化布置，以利于可燃、有毒气体能够流通扩散，减少积聚；室内设置机械通风系统。

② 装置中排出的废气均经过洗涤处理后高空排放，降低毒物浓度，减少作业场所的污染；液相排放设置密闭排放系统，尽量减少有毒介质的排放。

③ 化验室内化验柜在操作过程中产生的酸、碱废气采用机械排风，稀释排空处理；化验室全室换气采用换气扇。

④ 易散发毒物的建筑物内设置在线气体综合分析检测仪，及时反映作业场所空气中气体组分浓度，并将气体各组分浓度检测结果与通风系统联锁，自动调节；设置移动或固定有毒气体自动检测报警器，必要的气体中毒急救设施和急救用品。

⑤ 可能发生急性职业损伤的有毒、有害工作场所设置现场急救用品及安全淋浴和洗眼设备，酸、碱液罐区设置必要的泄险区。

⑥ 露天作业现场应设置风向标，泵房、压缩机房、储罐间等厂房设置事故通风装置、泄漏报警装置并相互连锁。

防尘、防毒技术措施检查表见表 4-2。

表 4-2　防尘、防毒技术措施检查表

序号	检查内容与项目
1	对具有危险和有害因素的生产过程，应合理地采用机械化、自动化和计算机技术，实现遥控或隔离操作
2	对产生粉尘、毒物的生产过程和设备(含露天作业的工艺设备)，应优先采用机械化和自动化，避免直接人工操作。防止物料跑、冒、滴、漏，设备和管道应采取有效的密闭措施，密闭形式应根据工艺流程、设备特点、生产工艺、安全要求及便于操作、维修等因素确定，并应结合生产工艺采取通风和净化措施。对移动的扬尘和逸散毒物的作业，应与主体工程同时设计移动式轻便防尘和排毒设备
3	对于逸散粉尘的生产过程，应对产尘设备采取密闭措施；设置适宜的局部排风除尘设施对尘源进行控制；生产工艺和粉尘性质可采取湿式作业的，应采取湿法抑尘。当湿式作业仍不能满足卫生要求时，应采用其他通风、除尘方式
4	在生产中可能突然逸出大量有害物质或易造成急性中毒或易燃易爆的化学物质的室内作业场所，应设置事故通风装置及与事故排风系统相连锁的泄漏报警装置
5	可能存在或产生有毒物质的工作场所应根据有毒物质的理化特性和危害特点配备现场急救用品，设置冲洗喷淋设备、应急撤离通道、必要的泄险区以及风向标。泄险区应低位设置且有防透水层，泄漏物质和冲洗水应集中纳入工业废水处理系统
6	可能存在或产生有毒物质的工作场所，应配备现场急救用品，设置喷淋设备和不断水冲洗设备，应急撤离通道，必要的泄险区以及风向标

知识拓展

（1）职业接触限值（OELs）　是职业性有害因素的接触限制量值，指劳动者在职业活动过程中长期反复接触对机体不引起急性或慢性有害健康影响的容许接触水平。化学因素的职业接触限值可分为时间加权平均容许浓度、最高容许浓度和短时间接触容许浓度三类。

（2）时间加权平均容许浓度（PC-TWA）　指作业场所中测定的以时间为权数 8h 工作日、40h 工作周的毒物平均接触浓度值。

（3）最高容许浓度（MAC）　作业场所中毒物在一个工作日（8h）测定过程中出现的具有代表性的最高瞬间浓度值。

（4）短时间接触容许浓度（PC-STEL）　作业场所中测定的毒物在其最高浓度时间段内的短时间（15min）接触浓度值。

一些常见物质的工作场所空气中化学物质容许浓度见表 4-3。

表 4-3　一些常见物质的工作场所空气中化学物质容许浓度

名称	OELs/(mg/m³)		
	MAC	PC-TWA	PC-STEL
氨	—	20	30
二氧化硫	—	5	10
氯	1	—	—
氯乙烯	—	10	—
一氧化碳(非高原)	—	20	30
液化石油气	—	1000	1500
苯		6	10
氯化氢及盐酸	7.5	—	—
甲苯(皮)	—	50	100
甲醇(皮)	—	25	50

二、高低温作业防治措施

① 设备、管道及其附件表面温度超过 50℃时采取节能隔热设施，使之不对环境造成影响；

② 工艺生产中不需保温的设备、管道及其附件，其外表温度超过 60℃时，均做防烫处理；

③ 产生大量热的封闭厂房充分利用自然通风降温，必要时应设置排风、送风降温设施。

④ 高温作业操作间或控制室设置空调；

⑤ 休息室应远离热源，采取通风、降温、隔热等措施；

⑥ 低温管道及设备按规定设置保冷设施，防止发生冻伤事故。

防高低温技术措施检查表见表 4-4。

表 4-4　防高低温技术措施检查表

序号	检查项目与内容
1	应优先采用先进的生产工艺、技术和原材料,工艺流程的设计宜使操作人员远离热源,同时根据具体条件采取必要的隔热、通风、降温等措施,消除高温职业危害
2	应根据夏季主导风向设计高温作业厂房的朝向,使厂房能形成穿堂风或能增加自然通风的风压
3	热源应尽量布置在车间外面,采用热压为主的自然通风时,热源应尽量布置在天窗下方,应便于采用各种有效的隔热及降温措施

续表

序号	检查项目与内容
4	高温、强热辐射作业,应根据工艺、供水和室内微小气候等条件采用有效的隔热措施,如水幕、隔热水箱或隔热屏等。工作人员经常停留或靠近的高温地面或高温壁板,其表面平均温度不应＞40℃,瞬间最高温度也不宜＞60℃
5	高温作业车间应设有工间休息室。休息室应远离热源,采取通风、降温、隔热等措施,使温度≤30℃;设有空气调节的休息室室内气温应保持在24～28℃。对于可以脱离高温作业点的,可设观察(休息)室
6	当工作地点不固定,需要持续低温作业时,应在工作场所附近设置取暖室。产生较多或大量湿气的车间,应设置必要的除湿排水防潮设施

知识拓展

高温作业：在生产劳动过程中,其工作地点平均 WBGT 指数等于或大于25℃的作业。

低温作业：在生产劳动过程中,其工作地点平均气温等于或低于5℃的作业。

三、噪声、振动防治措施

噪声作业分级标准,见表4-5。

表 4-5　噪声作业分级标准表

分级	等效声级/Lex. 8h dB(A)	危害程度
Ⅰ	85≤Lex. 8h dB(A)＜90	轻度危害
Ⅱ	90≤Lex. 8h dB(A)＜95	中度危害
Ⅲ	95≤Lex. 8h dB(A)＜100	重度危害
Ⅳ	Lex. 8h dB(A)≥100	极重危害

注：表中等效声级 Lex. 8h 与 Lex. w 等效使用

噪声防治措施如下。

① 在总图布置中对噪声较大的车间尽量远离办公区或居住区布置。

② 厂区绿化具有美化环境、净化空气、降低噪声的效果,工程绿化设计对厂前区进行重点绿化,并尽量在厂界周围和厂区道路两旁以及建（构）筑物周围空地种植花卉、树木、草皮等,根据工程特征污染物和建厂地区气候条件选种生命力强、能吸收特殊污染物及降低噪声的花草树木。

③ 采用 DCS 控制,操作人员在控制室内集中监控,将工艺设备与控制室隔开布置。

④ 对噪声的治理将首选先进可靠的低噪声设备,同时,将主要噪声源如空压机、制冷机、循环机、鼓、引风机等设备布置在专门的机泵房内,小型机泵也尽可能集中布置在泵房内,加强输送泵的减振支撑,并在鼓、引风机进出口安装消声器。

⑤ 对噪声水平较强的声源采用基础阻尼减震处理,防止固体对噪声的传播。

防噪声技术措施检查表见表4-6。

表 4-6　防噪声技术措施检查表

序号	检查内容与项目
1	对生产过程和设备产生噪声,应首先从声源上进行控制,采用新技术、新工艺、新方法等;产生噪声车间与非噪声车间、高噪声与低噪声应分开布置
2	噪声与振动强度大的生产设备应安置在单层厂房内或多层厂房的底层。对振幅、功率大的设备应有减振基础结构
3	工业企业设计中的设备选择,宜选用噪声较低的设备
4	为减少噪声的传播,宜设置隔声室

四、工频电场、紫外辐射防治措施

1. 防工频电场措施

① 变配电装置单独布置；

② 设立控制室，工人巡检为主；

③ 如设置有高频加热炉，高频电源发生器在运行过程中将会产生高频电磁辐射，高频电源发生器采取有效屏蔽措施，加热线圈安装金属炉筒内，高频电源发生器和炉体均设置接地系统，降低高频电磁辐射对操作人员的职业危害。

2. 防紫外辐射设施

作业人员严格执行操作规程，采用佩戴防护面罩的措施可以防止紫外辐射产生的危害。

▨ 知识拓展

毒气泄漏自救互救常识

◎毒气泄漏后的逃生原则

① 毒气泄漏事故时，现场人员不可恐慌，要有人负责统一指挥，明确每个人各自的职责，井然有序地撤离。如果事故现场已有救护消防人员或专人引导，逃生时要听从他们的指挥和安排，如有可能应采取相应的防护措施。

② 从毒气泄漏现场逃生，要抓紧宝贵的时间，任何贻误时机的行为都有可能给现场人员带来灾难性的后果。因此，当现场人员确认无法控制泄漏时，必须当机立断，选择正确的逃生方法，快速撤离现场。

③ 逃生要根据泄漏物质的特性，佩戴相应的个体防护用具。如果现场没有防护用具或者防护用具数量不足，也可应急使用湿毛巾或衣物捂挂口鼻进行逃生。

④ 沉着冷静确定风向，然后根据毒气泄漏源位置，向上风向或沿侧风向转移撤离。另外，根据泄漏物质的密度，选择沿高处或低洼处逃生，但切忌在低洼处滞留。

在毒气泄漏事故发生时能够顺利逃生，除了在现场能够临危不惧，采取有效的自救逃生方法外，还要靠平时对有毒有害化学品知识的掌握和防护、自救能力的提高。不同化学物质以及在不同情况下出现泄漏事故，其自救与逃生的方法有很大差异。若逃生方法选择不当，不仅不能安全逃出，反而会使自己受到更严重的伤害。

◎发生毒气泄漏事故后的自我防护

① 呼吸防护。在确认发生毒气泄漏或袭击后，应马上用手帕、餐巾纸、衣物等随手可及的物品捂住口鼻。手头如有水或饮料，最好把手帕、衣物等浸湿。

② 皮肤防护。尽可能戴上手套，穿上雨衣、雨鞋等，或用床单、衣物遮住裸露的皮肤。如已配备防护服等防护装备，要及时穿戴。

③ 眼睛防护。尽可能戴上各种防毒眼镜、防护镜或游泳用的护目镜等。

④ 撤离。判断毒源与风向，沿上风或侧上风路线，朝着远离毒源的方向迅速撤离现场。不要在低洼处滞留。

⑤ 冲洗。到达安全地点后，要及时脱去被污染的衣服，用流动的水冲洗身体，特别是曾经裸露的部分。

⑥ 救治。迅速拨打"120"，及早送医院救治。中毒人员在等待救援时应保持平静，避免剧烈运动，以免加重心肺负担致使病情恶化。

◎毒气泄漏事故中的互救

发生中毒窒息事故后，救援人员首先要做好预防工作，避免成为新的受害者。具体可按照下列方法进行抢救。

① 在进入危险区域前必须戴好防毒面具、自救器等防护用品，必要时也应给中毒者戴上，迅速将中毒者小心地从危险的环境转移到一个安全的、通风的地方；如果需要从一个有限的空间，如深坑或地下某个场所进行救援工作，必须向外发出报警以求帮助，单独进入危险地方帮助某人时，可能导致两人都受伤。

② 加强全面通风或局部通风，用大量新鲜空气对场所中的有毒有害气体浓度进行稀释冲淡。

③ 如果是一氧化碳中毒，中毒者还没有停止呼吸，则脱去中毒者被污染的衣服，松开领口、腰带，使中毒者能够顺畅地呼吸新鲜空气，如果呼吸心跳停止，应迅速进行心脏胸外按压和人工呼吸。

④ 对于硫化氢中毒者，在进行人工呼吸之前，要用浸透食盐溶液的棉花或手帕盖住中毒者的口鼻。

如果毒物污染了眼部、皮肤，应立即用水冲洗；对于口服毒物的中毒者，应设法催吐，简单有效的办法是用手指刺激舌根；对腐蚀性毒物可口服牛奶、蛋清、植物油等进行保护。

💥硫化氢中毒

硫化氢有臭鸡蛋味，为无色气体，广泛存在于石油、化工、皮革、造纸等行业中，废气、粪池、污水沟、隧道、垃圾池中，均有各种有机物腐烂分解产生的大量硫化氢。如吸入浓度达到一定量时即对呼吸道、眼睛产生刺激症状。吸入过量硫化氢时，可发生"闪电式"死亡。

根据《职业性接触毒物危害程度分级》，硫化氢属于Ⅱ级高度危害，并已列入《高毒物品目录》；在《职业病危害因素分类目录》中硫化氢列为可能导致硫化氢中毒和化学性眼部灼伤的职业病危害因素。

我国《工作场所有害因素职业接触限值-化学因素》（GBZ 2.1—2007）规定：工作场所空气中硫化氢的最高容许浓度为 $10mg/m^3$。

不同浓度硫化氢对人体的影响见表4-7。

表4-7 不同浓度硫化氢对人体的影响

浓度	接触时间	毒性反应
$1400mg/m^3$	"立即"～30秒	昏迷并因呼吸麻痹而死亡,除非立即人工呼吸急救。其毒性与氢氰酸相近
$1000mg/m^3$	数秒钟	很快引起全身中毒，出现明显的全身症状。开始呼吸加快，接着呼吸麻痹而死亡
$760mg/m^3$	15～60min	可能引起生命危险——发生肺水肿、支气管炎及肺炎。接触时间更长者可引起头痛、头昏、激动，步态不稳、恶心、呕吐、鼻咽喉发干及疼痛，排尿困难等全身症状
$300mg/m^3$	1h	可引起严重反应——眼及呼吸道黏膜强烈刺激症状，并引起神经系统抑制。6～8min即出现急性眼刺激症状。长期接触可引起肺水肿
$70～150mg/m^3$	1～2h	出现眼及呼吸道刺激症状。吸入2～15min即发生嗅觉疲劳而不再嗅出臭味，浓度越高，嗅觉疲劳发生越快
$30～40mg/m^3$		虽臭味强烈，仍能耐受。这可能是引起全身性症状的阈浓度

💥氨中毒

氨是无色而有刺激性气味的碱性气体。主要用于皮革、染料、化肥、制药等工业的冷冻剂，常由意外事故而吸入中毒。空气中氨气浓度达 $500\sim700\text{mg/m}^3$ 时，可出现"闪电式"死亡。

氨在《职业性接触毒物危害程度分级》中列为Ⅳ级，属轻度危害；已列入《高毒物品目录》；在《职业病危害因素分类目录》中氨被列为可能导致"急性氨中毒"的职业病危害因素。

我国《工作场所有害因素职业接触限值-化学因素》规定：工作场所空气中氨的时间加权平均容许浓度为 20mg/m^3 和短时间接触容许浓度为 30mg/m^3。

一氧化碳中毒

一氧化碳为无色、无嗅、无刺激性气体。轻度中毒表现为头痛、眩晕、耳鸣、眼花，并有恶心、呕吐、心悸、四肢无力，甚至昏厥。只要脱离接触，呼吸新鲜空气，症状会很快消失。

严重一氧化碳中毒，可出现昏迷、意识丧失等。经治疗好转后，个别病例于数日或数周后突然出现神经或精神症状，甚至出现瘫痪、失明、失语等严重后发症。

一氧化碳在《职业性接触毒物危害程度分级》中列为Ⅱ级，属高度危害；已列入《高毒物品目录》；在《职业病危害因素分类目录》中一氧化碳被列为可能导致一氧化碳中毒的职业病危害因素。

我国《工作场所有害因素职业接触限值-化学因素》规定：工作场所空气中一氧化碳时间加权平均容许浓度为 20mg/m^3，短时间接触容许浓度为 30mg/m^3。

附录　职业病分类和目录（十类）

一、职业性尘肺病及其他呼吸系统疾病

（一）尘肺病

1. 矽肺

2. 煤工尘肺

3. 石墨尘肺

4. 炭黑尘肺

5. 石棉肺

6. 滑石尘肺

7. 水泥尘肺

8. 云母尘肺

9. 陶工尘肺

10. 铝尘肺

11. 电焊工尘肺

12. 铸工尘肺

13. 根据《尘肺病诊断标准》和《尘肺病理诊断标准》可以诊断的其他尘肺病

（二）其他呼吸系统疾病

1. 过敏性肺炎

2. 棉尘病

3. 哮喘

4. 金属及其化合物粉尘肺沉着病（锡、铁、锑、钡及其化合物等）

5. 刺激性化学物所致慢性阻塞性肺疾病

6. 硬金属肺病

二、职业性皮肤病

1. 接触性皮炎
2. 光接触性皮炎
3. 电光性皮炎
4. 黑变病
5. 痤疮
6. 溃疡
7. 化学性皮肤灼伤
8. 白斑
9. 根据《职业性皮肤病的诊断总则》可以诊断的其他职业性皮肤病

三、职业性眼病
1. 化学性眼部灼伤
2. 电光性眼炎
3. 白内障（含放射性白内障、三硝基甲苯白内障）

四、职业性耳鼻喉口腔疾病
1. 噪声聋
2. 铬鼻病
3. 牙酸蚀病
4. 爆震聋

五、职业性化学中毒
1. 铅及其化合物中毒（不包括四乙基铅）
2. 汞及其化合物中毒
3. 锰及其化合物中毒
4. 镉及其化合物中毒
5. 铍病
6. 铊及其化合物中毒
7. 钡及其化合物中毒
8. 钒及其化合物中毒
9. 磷及其化合物中毒
10. 砷及其化合物中毒
11. 铀及其化合物中毒
12. 砷化氢中毒
13. 氯气中毒
14. 二氧化硫中毒
15. 光气中毒
16. 氨中毒
17. 偏二甲基肼中毒
18. 氮氧化合物中毒
19. 一氧化碳中毒
20. 二硫化碳中毒
21. 硫化氢中毒

22. 磷化氢、磷化锌、磷化铝中毒

23. 氟及其无机化合物中毒

24. 氰及腈类化合物中毒

25. 四乙基铅中毒

26. 有机锡中毒

27. 羰基镍中毒

28. 苯中毒

29. 甲苯中毒

30. 二甲苯中毒

31. 正己烷中毒

32. 汽油中毒

33. 一甲胺中毒

34. 有机氟聚合物单体及其热裂解物中毒

35. 二氯乙烷中毒

36. 四氯化碳中毒

37. 氯乙烯中毒

38. 三氯乙烯中毒

39. 氯丙烯中毒

40. 氯丁二烯中毒

41. 苯的氨基及硝基化合物（不包括三硝基甲苯）中毒

42. 三硝基甲苯中毒

43. 甲醇中毒

44. 酚中毒

45. 五氯酚（钠）中毒

46. 甲醛中毒

47. 硫酸二甲酯中毒

48. 丙烯酰胺中毒

49. 二甲基甲酰胺中毒

50. 有机磷中毒

51. 氨基甲酸酯类中毒

52. 杀虫脒中毒

53. 溴甲烷中毒

54. 拟除虫菊酯类中毒

55. 铟及其化合物中毒

56. 溴丙烷中毒

57. 碘甲烷中毒

58. 氯乙酸中毒

59. 环氧乙烷中毒

60. 上述条目未提及的与职业有害因素接触之间存在直接因果联系的其他化学中毒

六、物理因素所致职业病

1. 中暑
2. 减压病
3. 高原病
4. 航空病
5. 手臂振动病
6. 激光所致眼（角膜、晶状体、视网膜）损伤
7. 冻伤

七、职业性放射性疾病

1. 外照射急性放射病
2. 外照射亚急性放射病
3. 外照射慢性放射病
4. 内照射放射病
5. 放射性皮肤疾病
6. 放射性肿瘤（含矿工高氡暴露所致肺癌）
7. 放射性骨损伤
8. 放射性甲状腺疾病
9. 放射性性腺疾病
10. 放射复合伤
11. 根据《职业性放射性疾病诊断标准（总则）》可以诊断的其他放射性损伤

八、职业性传染病

1. 炭疽
2. 森林脑炎
3. 布鲁氏菌病
4. 艾滋病（限于医疗卫生人员及人民警察）
5. 莱姆病

九、职业性肿瘤

1. 石棉所致肺癌、间皮瘤
2. 联苯胺所致膀胱癌
3. 苯所致白血病
4. 氯甲醚、双氯甲醚所致肺癌
5. 砷及其化合物所致肺癌、皮肤癌
6. 氯乙烯所致肝血管肉瘤
7. 焦炉逸散物所致肺癌
8. 六价铬化合物所致肺癌
9. 毛沸石所致肺癌、胸膜间皮瘤
10. 煤焦油、煤焦油沥青、石油沥青所致皮肤癌
11. β-萘胺所致膀胱癌

十、其他职业病

1. 金属烟热
2. 滑囊炎（限于井下工人）
3. 股静脉血栓综合症、股动脉闭塞症或淋巴管闭塞症（限于刮研作业人员）

第五章

职业卫生管理

第一节　职业卫生"三同时"

　　建设项目职业病防护设施"三同时"是从源头上预防、控制和消除职业病危害的一项重要法律制度，也是贯彻落实"预防为主、防治结合"方针、保障劳动者职业健康权益的有效手段。

　　《建设项目职业病防护设施"三同时"监督管理办法》（国家安全监管总局令第 90 号）规范了职业病危害预评价、职业病防护设施设计、职业病危害控制效果评价及职业病防护设施验收工作。

一、职业病危害预评价

　　新建、扩建、改建建设项目和技术改造、技术引进项目（以下统称建设项目）可能产生职业病危害的，建设单位在可行性论证阶段应当进行职业病危害预评价。

　　建设单位对职业病危害预评价报告的真实性、客观性和合规性负责。

　　建设项目职业病危害预评价报告通过评审后，建设项目的生产规模、工艺等发生变更导致职业病危害风险发生重大变化的，建设单位应当对变更内容重新进行职业病危害预评价和评审。

二、职业病防护设施设计

　　建设项目的职业病防护设施所需费用应当纳入建设项目工程预算，并与主体工程同时设计，同时施工，同时投入生产和使用。

　　建设项目的职业病防护设施设计应当符合国家职业卫生标准和卫生要求。建设单位对职业病防护设施设计的真实性、客观性和合规性负责。

　　建设项目职业病防护设施设计在完成评审后，建设项目的生产规模、工艺等发生变更导致职业病危害风险发生重大变化的，建设单位应当对变更的内容重新进行职业病防护设施设计和评审。

三、职业病危害控制效果评价与防护设施验收

　　建设项目在竣工验收前，建设单位应当进行职业病危害控制效果评价。

　　建设项目的职业病防护设施应当由建设单位负责依法组织验收，验收合格后，方可投入生产和使用。

　　建设单位对职业病危害控制效果评价报告和职业病防护设施验收结果的真实性、合规性和有效性负责。

　　分期建设、分期投入生产或者使用的建设项目，其配套的职业病防护设施应当分期与建设项目同步进行验收。

　　建设项目职业病防护设施"三同时"工作流程见图 5-1。

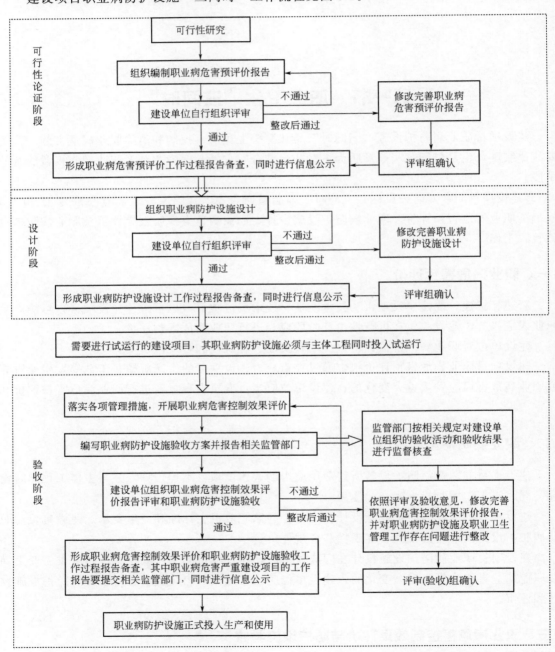

图 5-1　建设项目职业病防护设施"三同时"工作流程

第二节　职业卫生管理机构的设置

一、职业卫生管理机构和人员

建设单位的主要负责人对本单位的职业病防治工作全面负责。

建设单位的主要负责人和职业卫生管理人员应当接受职业卫生培训，并组织劳动者进行上岗前的职业卫生培训。

类比大型化工企业职业卫生管理机构设置情况如下。

公司总经理对职业卫生工作负总责，分管安全的副总经理主管职业卫生工作。安职环部和各生产中心各级安全主管、生产中心安全员为主要成员的职业卫生管理网络。

安职环部为企业的职业卫生管理机构，内设专职职业卫生管理人员。具体负责组织职业病危害因素定期检测、下达职业病危害因素检测计划，建立职业卫生规章制度和操作规程，负责职业健康检查管理、职业健康教育与培训、职业卫生防护设施和个人防护品的发放以及健全职工职业健康监护档案管理等。

二、职业卫生管理制度

《国家安全监管总局办公厅关于印发职业卫生档案管理规范的通知》（安监总厅安健〔2013〕171号）规范了职业卫生管理制度基本要求，具体包括：职业病危害防治责任制度、职业病危害警示与告知制度、职业病危害项目申报制度、职业病防治宣传教育培训制度、职业病防护设施维护检修制度、职业病防护用品管理制度、职业病危害监测及检测评价管理制度、建设项目职业卫生"三同时"管理制度、劳动者职业健康监护及其档案管理制度、职业病危害事故处置与报告制度、职业病危害应急救援与管理制度，以及岗位职业卫生操作规程、法律、法规、规章规定的其他职业病防治制度。

第三节　工作场所职业病危害告知与警示标识

职业病危害告知与警示标识管理工作是职业卫生管理的一项基础性工作，对于提高劳动者的自我防护意识、提升用人单位职业病防治水平具有重要作用。

一、职业病危害告知

职业病危害告知是指用人单位通过与劳动者签订劳动合同、公告、培训等方式，使劳动者知晓工作场所产生或存在的职业病危害因素、防护措施、对健康的影响以及健康检查结果等行为。

产生职业病危害的用人单位应将工作过程中可能接触的职业病危害因素的种类、危害程度、危害后果、提供的职业病防护设施、个人使用的职业病防护用品、职业健康检查和相关待遇等如实告知劳动者，不得隐瞒或者欺骗。职业病危害告知书示例见附件5-1。

用人单位应对劳动者进行上岗前的职业卫生培训和在岗期间的定期职业卫生培训，使劳动者知悉工作场所存在的职业病危害，掌握有关职业病防治的规章制度、操作规程、应急救援措施、职业病防护设施和个人防护用品的正确使用维护方法及相关警示标识的含义，并经书面和实际操作考试合格后方可上岗作业。

产生职业病危害的用人单位应当设置公告栏，公布本单位职业病防治的规章制度等内容。设置在办公区域的公告栏，主要公布本单位的职业卫生管理制度和操作规程等；设置在工作场所的公告栏，主要公布存在的职业病危害因素及岗位、健康危害、接触限值、应急救援措施，以及工作场所职业病危害因素检测结果、检测日期、检测机构名称等。

用人单位要按照规定组织从事接触职业病危害作业的劳动者进行上岗前、在岗期间和离岗时的职业健康检查，并将检查结果书面告知劳动者本人。用人单位书面告知文件要留档备查。

告知卡应设置在产生或存在严重职业病危害的作业岗位附近的醒目位置。职业病危害告知卡示例见附件 5-2。

二、职业病危害警示标识

职业病危害警示标识是指在工作场所中设置的可以提醒劳动者对职业病危害产生警觉并采取相应防护措施的图形标识、警示线、警示语句和文字说明以及组合使用的标识等。

用人单位应在产生或存在职业病危害因素的工作场所、作业岗位、设备、材料（产品）包装、储存场所设置相应的警示标识。

1. 基本几何图形式样、颜色及含义

基本几何图形式样、颜色及含义见表 5-1。

表 5-1　基本几何图形式样、颜色及含义

图形	含义	安全色	背景色	标识图色
圆环加斜线	禁止	红色	白色	黑色
圆	指令	蓝色	白色	白色
等边三角形	警告	黄色	黑色	黑色
正方形和长方形	提示	绿色	白色	白色

2. 禁止标识

禁止标识见表 5-2。

表 5-2　禁止标识

图形符号	标识名称	设置范围和地点
	禁止入内	可能引起职业病危害的工作场所入口处或泄险区周边,如高毒物品作业场所、放射工作场所;可能产生职业病危害的设备发生故障时,或维护、检修存在有毒物品的生产装置时
	禁止停留	特殊情况下,对员工具有直接危害的作业场所
	禁止启动	可能引起职业病危害的设备暂停使用或维修时,如设备检修、更换零件等,设置在该设备附近

3. 警告标识

警告标识见表 5-3。

表 5-3　警告标识

图形符号	标识名称	设置范围和地点
	当心中毒	使用有毒物品作业场所
	当心腐蚀	存在腐蚀物质的作业场所
	当心感染	存在生物性职业病危害因素的作业场所
	当心弧光	引起电光性眼炎的作业场所,如维修焊接区域
	当心电离辐射	产生电离辐射危害的作业场所
	注意防尘	产生粉尘的作业场所,如称量室等处

图形符号	标识名称	设置范围和地点
	注意高温	高温作业场所,以及产生高温设备的工作区域(有人员出入的地方)
	当心有毒气体	存在有毒气体的作业场所,如实验室
	噪声有害	产生噪声的作业场所,如压缩机房、真空泵房等

4. 指令标识

指令标识见表 5-4。

表 5-4　指令标识

图形符号	标识名称	设置范围和地点
	戴防护镜	对眼睛有危害的作业场所
	戴防毒面具	可能产生职业性中毒的作业场所
	戴防尘口罩	粉尘浓度超过国家标准的作业场所
	戴护耳器	噪声超过国家标准的作业场所

续表

图形符号	标识名称	设置范围和地点
	戴防护手套	需对手部进行保护的作业场所
	穿防护鞋	需对脚部进行保护的作业场所
	穿防护服	具有放射区域检测值超过国家标准的、高温及其它需穿防护服的作业场所
	注意通风	存在有毒物品和粉尘等需要通风处理的作业场所,如实验室、清洗化学品器具的区域等

5. 提示标识

提示标识见表 5-5。

表 5-5 提示标识

图形符号	标识名称	设置范围和地点
	左行紧急出口	安全疏散的紧急出口处,通向紧急出口的通道处
	右行紧急出口	安全疏散的紧急出口处,通向紧急出口的通道处
	直行紧急出口	安全疏散的紧急出口处,通向紧急出口的通道处
	急救站	设立的紧急医疗救助站。用于做日常临时急救处理的区域(急救设施、急救药品、急救箱等处)
	救援电话	救援电话附近

6.警示线

生产、使用有毒物品工作场所应当设置黄色区域警示线。生产、使用高毒、剧毒物品工作场所应当设置红色区域警示线。警示线设在生产、使用有毒物品的车间周围外缘不少于30cm 处，警示线宽度不少于 10cm。警示线见表 5-6。

表 5-6　警示线

图形符号	标识名称	设置范围和地点
	红色警示线	高毒物品作业场所、放射作业场所、紧邻事故危害源周边
	黄色警示线	有毒物品作业场所、紧邻事故危害区域的周边
	绿色警示线	事故现场救援区域的周边

《用人单位职业病危害防治八条规定》

一、必须建立健全职业病危害防治责任制，严禁责任不落实违法违规进行生产。

二、必须保证工作场所符合职业卫生要求，严禁在职业病危害超标环境中作业。

三、必须设置职业病防护设施并保证有效运行，严禁不设置不使用。

四、必须为劳动者配备符合要求的防护用品，严禁配发假冒伪劣防护用品。

五、必须在工作场所与作业岗位设置警示标识和告知卡，严禁隐瞒职业病危害。

六、必须定期进行职业病危害检测，严禁弄虚作假或少检漏检。

七、必须对劳动者进行职业卫生培训，严禁不培训或培训不合格上岗。

八、必须组织劳动者职业健康检查并建立监护档案，严禁不体检不建档。

附件 5-1

职业病危害告知书示例

根据《中华人民共和国职业病防治法》有关规定，用人单位（甲方）在与劳动者（乙方）订立劳动合同时应告知工作过程中可能产生的职业病危害及其后果、职业病防护措施和待遇等内容。

（一）所在工作岗位、可能产生的职业病危害、后果及职业病防护措施：

所在部门及岗位名称	职业病危害因素	职业禁忌证	可能导致的职业病危害	职业病防护措施
原料工段上料工	粉尘	活动性肺结核病慢性阻塞性肺病慢性间质性肺病伴肺功能损害的疾病	尘肺	除尘装置防尘口罩

（二）甲方应依照《中华人民共和国职业病防治法》及《职业健康监护技术规范》（GBZ 188）的要求，做好乙方上岗前、在岗期间、离岗时的职业健康检查和应急检查。一旦发生职业病，甲方必须按照国家有关法律、法规的要求，为乙方如实提供职业病诊断、鉴定所需

的劳动者职业史和职业病危害接触史、工作场所职业病危害因素检测结果等资料及相应待遇。

（三）乙方应自觉遵守甲方的职业卫生管理制度和操作规程，正确使用维护职业病防护设施和个人职业病防护用品，积极参加职业卫生知识培训，按要求参加上岗前、在岗期间和离岗时的职业健康检查。若被检查出职业禁忌证或发现与所从事的职业相关的健康损害的，必须服从甲方为保护乙方职业健康而调离原岗位并妥善安置的工作安排。

（四）当乙方工作岗位或者工作内容发生变更，从事告知书中未告知的存在职业病危害的作业时，甲方应与其协商变更告知书相关内容，重新签订职业病危害告知书。

（五）甲方未履行职业病危害告知义务，乙方有权拒绝从事存在职业病危害的作业，甲方不得因此解除与乙方所订立的劳动合同。

（六）职业病危害告知书作为甲方与乙方签订劳动合同的附件，具有同等的法律效力。

甲方（签章）　　　　　　　　　　　　乙方（签字）

年　　月　　日　　　　　　　　　　年　　月　　日

附件 5-2

职业危害告知卡

有毒物品,对人体有害,请注意防护		
	健康危害	理化特性
甲醇	侵入途径:吸入、食入、经皮吸收 健康危害:对中枢神经系统有麻醉作用;对视神经和视网膜有特殊选择作用,引起病变;可致代谢性酸中毒 急性中毒:短时大量吸入出现轻度眼及上呼吸道刺激症状(口服有胃肠道刺激症状);经一段时间潜伏期后出现头痛、头晕、乏力、眩晕、酒醉感、意识蒙眬、谵妄,甚至昏迷。视神经及视网膜病变,可有视物模糊、复视等,重者失明。代谢性酸中毒时出现二氧化碳结合力下降、呼吸加速等 慢性影响:神经衰弱综合征,植物神经功能失调,黏膜刺激,视力减退,皮肤出现脱脂、皮炎等	易燃,其蒸气与空气可形成爆炸性混合物。遇明火、高热能引起燃烧爆炸。与氧化剂接触发生化学反应或引起燃烧。在火场中,受热的容器有爆炸危险。其蒸气比空气重,能在较低处扩散到相当远的地方,遇明火会引着回燃
当心中毒	应急处理	
	皮肤接触:脱去被污染的衣着,用肥皂水和清水彻底冲洗皮肤 眼睛接触:提起眼睑,用流动清水或生理盐水冲洗。就医 吸入:迅速脱离现场至空气新鲜处。保持呼吸道通畅。如呼吸困难,给输氧。如呼吸停止,立即进行人工呼吸。就医 食入:饮足量温水,催吐,用清水或1%硫代硫酸钠溶液洗胃。就医	
	注意防护	
	（防护图标）	

注:《告知卡》设置在使用有毒物品作业岗位的醒目位置。

练 习 题

一、单项选择题

1. 新修订的《职业病防治法》于（　　　）公布实施。

A. 2017 年 11 月 5 日　B. 2016 年 7 月 2 日　C. 2012 年 5 月 1 日

2. 我国的职业病防治工作方针是：（　　）为主，防治结合。

A. 健康　　　　　　　B. 安全　　　　　　　C. 预防

3. 用人单位应当设置或者指定职业卫生管理机构或者组织，配备专职或者兼职的（　　），负责本单位的职业病防治工作。

A. 职业卫生管理人员　B. 应急管理人员　　　C. 工会督察员

4. 目前我国职业病共分 10 大类（　　）种。

A. 100　　　　　　　　B. 132　　　　　　　C. 115

5. 用人单位的（　　）对本单位的职业病防治工作全面负责。

A. 主要负责人　　　　　　　　　　B. 安全生产管理部门负责人

C. 投资人

6. 产生职业病危害的用人单位的工作场所职业病危害因素的强度或者浓度应当符合国家（　　）标准。

A. 劳动保护　　　　　　B. 安全生产　　　　　C. 职业卫生

7. 产生职业病危害的用人单位的工作场所应当生产布局合理，符合有害与无害作业（　　）的原则。

A. 职业卫生　　　　　　B. 分开　　　　　　　C. 劳动保护

8. 产生职业病危害的用人单位的工作场所，应当有配套的更衣间、洗浴间、（　　）间等卫生设施。

A. 孕妇休息　　　　　　B. 劳动保护　　　　　C. 职业卫生

9. 建设项目的职业病防护设施所需费用应当纳入建设项目工程预算，并与主体工程（　　），同时施工，同时投入生产和使用。

A. 同时报批　　　　　　B. 同时规划　　　　　C. 同时设计

10. 建设项目在竣工验收前，建设单位应当进行（　　）。

A. 劳动防护设施验收评价　　　　　B. 职业卫生设施验收评价

C. 职业病危害控制效果评价

11. 用人单位应督促、指导劳动者按照使用规则正确佩戴、使用职业病防护用品，（　　）发放钱物替代发放职业病防护用品。

A. 不得　　　　　　　　B. 可以　　　　　　　C. 部分可以

12. 产生职业病危害的用人单位应当在醒目位置设置公告栏，公布有关职业病防治的规章制度、操作规程、职业病危害事故应急救援措施和（　　）。

A. 职工健康体检　　　　　　　　　B. 工作场所职业病危害因素检测结果

C. 职工职业病检查结果

13. 对可能发生急性职业损伤的有毒、有害工作场所，用人单位应当设置报警装置，配置现场急救用品、冲洗设备、应急撤离通道和必要的（　　）。

A. 泄险区　　　　　　　B. 救护车　　　　　　C. 医务室

14. 向用人单位提供可能产生职业病危害的设备的，应当提供中文说明书，并在设备的醒目位置设置（　　）和中文警示说明。

A. 安全标识　　　　　　B. 警示标识　　　　　C. 英文

15. 用人单位应当为劳动者建立（　　）档案，并按照规定的期限妥善保存。

A. 职业健康检查　　　　B. 职业健康监护　　　　C. 定期健康检查

16. 对从事接触职业病危害作业的劳动者，用人单位应当按照国务院安全生产监督管理部门、卫生行政部门的规定组织（　　）的职业健康检查，并将检查结果书面告知劳动者。

A. 上岗前、在岗期间和离岗时　　　　　　B. 上岗前和在岗期间

C. 在岗期间

17. 用人单位与劳动者订立劳动合同时，应当将工作过程中可能产生的（　　）如实告知劳动者，并在劳动合同中写明，不得隐瞒或者欺骗。

A. 职业病危害及其后果　　　　　　　　　B. 职业病防护措施和待遇等

C. 职业病危害及其后果、职业病防护措施和待遇等

18. 职业健康检查费用由（　　）承担。

A. 劳动者　　　　　　B. 用人单位　　　　　　C. 工伤保险基金

19. 用人单位不得安排有职业禁忌的劳动者从事（　　）的作业。

A. 重体力劳动　　　　B. 其所禁忌　　　　　　C. 危险

20. 对遭受或者可能遭受急性职业病危害的劳动者，用人单位应当及时组织救治、进行健康检查和医学观察，所需费用由（　　）。

A. 劳动者承担

B. 用人单位先行垫付，工伤保险基金支付

C. 用人单位承担

21. 劳动者可以在（　　）依法承担职业病诊断的医疗卫生机构进行职业病诊断。

A. 用人单位所在地　　　　　　　　　　　B. 本人户籍所在地

C. 用人单位所在地、本人户籍所在地或者经常居住地

22. 没有证据否定职业病危害因素与病人临床表现之间的必然联系的，（　　）诊断为职业病。

A. 可以　　　　　　　B. 不能　　　　　　　　C. 应当

23. 职业病诊断、鉴定时，用人单位应当如实提供职业病诊断、鉴定所需的劳动者职业史和职业病危害接触史、（　　）等资料。

A. 职业卫生档案　　　　　　　　　　　　B. 健康监护档案

C. 工作场所职业病危害因素检测结果

24. 当事人对职业病诊断有异议的，应当向（　　）申请鉴定。

A. 当地劳动保障行政部门　　　　　　　　B. 劳动能力鉴定委员会

C. 做出诊断的医疗卫生机构所在地地方人民政府卫生行政部门

25. 职业病诊断、鉴定费用由（　　）承担。

A. 当事人　　　　　　B. 用人单位　　　　　　C. 工伤保险基金

26. 医疗卫生机构发现疑似职业病病人时，应当告知（　　）并及时通知用人单位。

A. 劳动者本人　　　　B. 病人家属　　　　　　C. 卫生行政部门

27. 疑似职业病病人诊断或者医学观察期间，用人单位（　　）解除或者终止与其订立的劳动合同。

A. 不得　　　　　　　B. 可以　　　　　　　　C. 经领导批准可以

28. 用人单位对不适宜继续从事原工作的职业病病人，应当（　　）。

A. 安排下岗，并给予一次性补贴　　　　　B. 解除劳动合同

C. 调离原岗位，并妥善安置

29. 职业病病人的诊疗、康复费用，伤残以及丧失劳动能力的职业病病人的社会保障，按照国家有关（　　）的规定执行。

A. 工伤保险　　　　　B. 社会救助基金　　　C. 社会医疗保险

30. 职业病病人除依法享有工伤保险外，依照有关民事法律，尚有获得赔偿权利的，有权向（　　）提出赔偿要求。

A. 地方政府卫生行政部门　　　　　　B. 用人单位

C. 行业主管部门

31. 劳动者被诊断患有职业病，但用人单位没有依法参加工伤保险的，其医疗和生活保障由（　　）承担。

A. 用人单位　　　　　B. 劳动者　　　　　　C. 工伤保险基金

32. 用人单位发生分立、合并、解散、破产等情形的，应当对从事接触职业病危害作业的劳动者进行健康检查，（　　）。

A. 并向劳动者说明情况

B. 并按照国家有关规定妥善安置职业病病人

C. 并终止职业病病人依法享有的待遇

33. 当事人对设区的市级职业病诊断鉴定委员会的鉴定结论不服的，可以向省、自治区、直辖市人民政府卫生行政部门申请（　　）。

A. 行政复议　　　　　B. 再鉴定　　　　　　C. 行政诉讼

34. 用人单位对从事（　　）的劳动者，应当给予适当岗位津贴。

A. 体力劳动　　　　　B. 脑力劳动　　　　　C. 接触职业危害作业

35. 职业卫生监督执法人员依法执行职务时，被检查单位应当接受检查并予以支持配合，不得（　　）。

A. 拒绝　　　　　　　B. 拒绝和阻碍　　　　C. 阻碍

36. 劳动者被诊断患有职业病，但用人单位没有依法参加工伤保险的，其医疗和生活保障由该（　　）承担。

A. 用人单位　　　　　B. 劳动社保部门　　　C. 工会组织

37. 不得安排孕期、哺乳期的女职工从事（　　）。

A. 高温作业　　　　　　　　　　　　　B. 机加工作业

C. 对本人和胎儿、婴儿有危害的作业

38. 用人单位不得安排（　　）从事接触职业病危害的作业。

A. 未婚女工　　　　　B. 女职工　　　　　　C. 未成年工

39. 粉尘作业时要戴（　　）。

A. 棉纱口罩　　　　　　　　　　　　　B. 过滤式防尘口罩

C. 防毒面具

40. 患有（　　）疾病者不得从事接尘作业。

A. 活动性肺结核病　　B. 慢性胆囊炎　　　　C. 脂肪肝

41. 影响矽肺发病的因素不包括（　　）。

A. 游离二氧化硅含量　　　　　　　　　B. 粉尘浓度

C. 个人嗜好

42. 尘肺病的早期主要症状是（　　　）。

A. 发热鼻塞、四肢酸疼、咳嗽咯痰等

B. 咳嗽咯痰、胸闷胸痛、呼吸困难等

C. 肋下隐痛、食欲减退、肝脏肿大等

43. 粉尘对人体的健康危害主要影响（　　　）。

A. 消化系统　　　　　B. 呼吸系统　　　　C. 神经系统

44. 粉尘主要通过（　　　）途径侵入人体。

A. 呼吸系统　　　　　B. 消化系统　　　　C. 皮肤

45. 矽尘是指粉尘中游离 SiO_2 含量大于（　　　）的粉尘。

A. 5%　　　　　　　　B. 8%　　　　　　　C. 10%

46. 石棉尘主要对人体的（　　　）器官有危害。

A. 胃部　　　　　　　B. 皮肤　　　　　　C. 肺部

47. 煤尘可以引起那种职业病（　　　）。

A. 矽肺　　　　　　　B. 石棉肺　　　　　C. 煤工尘肺

48. 在进入密闭空间前用人单位至少要安排（　　　）名监护者在密闭空间外持续进行监护。

A. 1　　　　　　　　 B. 2　　　　　　　　C. 3

49. 进入缺氧密闭空间作业必须使用（　　　）。

A. 防滑鞋　　　　　　B. 空气呼吸器　　　C. 防毒面具

50. 职业性急性氨中毒是在职业活动中，短时间内吸入高浓度氨气引起的以呼吸系统损害为主的全身性疾病，常伴有（　　　）严重者可出现急性呼吸窘迫综合征。

A. 眼和皮肤灼伤　　　B. 昏迷　　　　　　C. 肢体疼痛

51. 急性甲苯中毒诊断分级以不同程度意识障碍划分。凡出现（　　　）列为重度中毒。

A. 昏迷者　　　　　　B. 意识模糊　　　　C. 嗜睡

52. 甲醛的职业禁忌证有（　　　）。

A. 全身性皮肤病和慢性眼病　　　　　　　B. 原发性高血压

C. 风湿性关节炎

53. 射线作业，必须穿戴（　　　）。

A. 防射线护目镜和防射线服　　　　　　　B. 绝缘手套

C. 空气呼吸器

54. 甲醛为较高毒性的物质，被世界卫生组织确定为（　　　）和致畸形物质。

A. 致病　　　　　　　B. 致癌　　　　　　C. 损害

55. 一氧化碳中毒是由于含碳物质燃烧不完全时的产物经呼吸道吸入引起中毒，主要损害人的（　　　）系统。

A. 呼吸　　　　　　　B. 消化　　　　　　C. 神经

56. 工业毒物进入人体的途径有 3 个，即（　　　）。

A. 口、鼻、耳　　　　　　　　　　　　　B. 食物、衣服、水

C. 呼吸道、皮肤、消化道

57. 硫化氢是一种无色，具有（　　　）的气体。

A. 腐臭蛋味　　　　　B. 刺激性味道　　　C. 臭味

58. 急性苯中毒主要表现为对中枢神经系统的麻醉作用，而慢性中毒主要为（   ）的损害。

    A. 呼吸系统　　　　　　B. 消化系统　　　　　　C. 造血系统

59. 在化学物质中，人们经常说的"三苯"是指（   ）

    A. 苯、苯酚、甲苯　　　　　　　　　　B. 甲苯、苯胺、苯酚

    C. 苯、甲苯、二甲苯

60. 爆震聋是新修订的《职业病分类与目录》中新列入的一种职业病，造成该种职业病的职业接触史通常包括（   ）。

    A. 爆破作业近距离暴露

    B. 受到易燃易爆化学品、压力容器等发生爆炸瞬时产生的冲击波及强脉冲噪声的累及

    C. A 和 B

61. 噪声聋是生产性噪声引起的职业病，工作场所操作人员每天连续接触噪声 8h，噪声声级卫生限值为（   ）dB。

    A. 75　　　　　　　　　　B. 85　　　　　　　　　　C. 88

62. 手臂振动病是（   ）从事手持振动工具作业而引起的以手部末梢循环和手臂神经功能障碍为主的疾病，并能引起手臂骨关节骨质改变。

    A. 长期　　　　　　　　　　B. 短期　　　　　　　　　　C. 连续

63. （   ）是电焊作业人员常见的职业性眼外伤，主要由电弧光照射、紫外线辐射引起。

    A. 白内障　　　　　　　　　　B. 红眼病　　　　　　　　　　C. 电光性眼炎

64. （   ）不属于我国规定的职业病。

    A. 艾滋病　　　　　　　　　　B. 冻伤　　　　　　　　　　C. 乙肝

65. 高温作业是指生产劳动过程中，工作地点平均 WBGT 指数（   ）的作业。

    A. ≥20℃　　　　　　　　　　B. ≥30℃　　　　　　　　　　C. ≥25℃

66. 以下（   ）属于化学性危害因素。

    A. 工业毒物　　　　　　　　　　B. 振动　　　　　　　　　　C. 高温

67. 发生危险化学品事故后，应该向（   ）方向疏散。

    A. 下风　　　　　　　　　　B. 上风　　　　　　　　　　C. 顺风

68. 不同的职业危害对人体的危害不同，如（   ）可导致尘肺病。

    A. 粉尘　　　　　　　　　　B. 毒物　　　　　　　　　　C. 噪声

69. 在职业病目录中，（   ）被列为物理因素所致职业病。

    A. 森林脑炎、高原病、手臂振动病　　　　　　B. 中暑、黑变病、手臂振动病

    C. 中暑、冻伤、手臂振动病

70. 以下说法正确的是（   ）。

    A. 防尘口罩也能用于防毒　　　　　　　　　　B. 防毒面具也可以用于防尘

    C. 当颗粒物有挥发性时，如喷漆产生漆雾，必须选防尘防毒组合防护

第三单元

化工企业环保篇

　　"要正确处理好经济发展同生态环境保护的关系，牢固树立保护生态环境就是保护生产力、改善生态环境就是发展生产力的理念，更加自觉地推动绿色发展、循环发展、低碳发展，决不以牺牲环境为代价去换取一时的经济增长。"——习近平

第六章

化工"三废"污染与治理

近年来，在国家环保政策的督导下，我国的化学工业实现了跨越式发展。"三废"（废气、废水、固体废弃物）治理对化工行业而言，是挑战和压力，更是机遇和动力。化工"三废"的特殊性与必然性，使其全过程排放控制与综合治理成为可持续发展的永恒主题。

第一节 化工废气治理技术

大型化工企业生产工艺较为复杂，导致废气成分相对多样，复杂性较高，治理难度较大，废气处理一直是化工行业发展面临的一个重要问题。

废气处理常用的方法有吸收法、等离子体法、焚烧法、冷凝法、吸附法、生物法、降膜吸收法等。随着废气治理技术的不断提高，在处理方式上也逐渐趋于多元化和组合化，通过不同处理方式的组合能够获得更好的废气处理效果，能够有效控制处理成本，降低废气污染，提高处理效率。

一、吸收法

在对酸碱性废气、溶水性较强的其他类型废气的处理方法中，吸收法是目前应用最为广泛普遍的一种净化处理方法。主要因为吸收法的高安全性，所以在处理具有水溶特性的有机污染物时，吸收法处理废气便成为大多数化工企业的最佳选择方案。并且吸收法处理废气具有操作简单，后期运营管理方便，因而受到了大多数化工企业的广泛应用和研究。

二、冷凝法

冷凝法常用于化工系统尾气处理的预处理阶段，以回收废气中有用溶剂，实现资源再利用。

冷凝净化废气法适用于以下几种情况使用：

① 化工企业处理高浓度高污染有机或无机废气；

② 作为其他废气净化处理方案的预处理阶段；特别是在废气中有害污染物的含量明显偏高的时候，可以采用冷凝回收的处理方法以减轻后续废气处理净化设备的运行负荷；

③ 该方法可以运用于处理含有水蒸气的高温废气处理过程中。

冷凝废气处理方法通常会与吸附处理法、吸收处理法等进行联合运用，作为化工工艺尾气的预处理工序以最大化回收化工溶剂，达到既经济、回收率又比较高的目的。

三、吸附法

在处理有机废气中，广泛应用了吸附法。

吸附法在使用中表现了如下的特点：可以更加完整深入地处理净化被污染的高浓度废气，并且同样适用于低浓度有机污染废气的深度处理净化，相比其他几种常用的废气方法具有很大的优势；同时该法为国内现处理化工行业有机废气中最常用、最保险的净化方法。

一般常规的吸附剂为颗粒活性炭、纤维活性炭两种，适用于不同行业，化工企业常采用颗粒活性炭。由于吸附法中所使用的吸附剂常常受到某些吸附组分容量等因素的约束，吸附法通常运用于处理具有较低浓度的废气处理项目中。

四、焚烧法

焚烧处理废气法主要有 RTO 焚烧法、催化焚烧法和直接焚烧法。

① 直接焚烧法主要是将污染废气中的具有可燃性的有害成分看成燃料进行直接烧，所以该法适用于处理净化具有可燃性的并且有害气体组分及浓度相对比较高的混合废气。

② 催化燃烧即在催化剂的作用下，使有机物在较低的温度下（250～300℃）被氧化分解成无害气体并释放能量。该法具有如下显著优点：催化燃烧由于本身是氧化反应且为无焰，安全性能比较好；装置设备占地使用面积比较少；净化处理污染的效果比较高，二次污染几乎没有；系统起燃点的温度相对比较低，能耗比较低。但是某些项目废气成分比较复杂，含有 S、N、Cl 的化合物，氧化生成的 SO_x、NO_x、HCl 等毒性物质，会使催化剂失效，因此不适合使用。

③ 蓄热氧化废气处理技术是一种主要用来处理高浓度有机或无机废气的比较适用的废气治理技术，该技术主要是在传统燃烧法废气处理基础上逐步研究发展起来的新型大气污染废气净化治理技术，它主要是以陶瓷材料作为它自身的蓄热体。该装置设备的操作简单，占地空间小，同时具有较强的自适应性，稳定性好。热损失比较少，处理净化效率高，不产生二次污染，是有机废气处理净化领域一项重要的、先进的、有科技含量的、有发展前途的技术。

五、生物法

生物废气处理方法主要是指采用某些特定的微生物来分解含有机成分的废气污染物。其原理主要是利用微生物的菌种固定生长周期、繁殖周期的过程来分解有机废气，并且将其作为自身的营养物质，从而把污染废气中的主要有害气体成分逐步一一降解为水、二氧化碳以及细胞的各种组分，以达到处理分解有机废气的最终目的。

生物法废气处理技术是借鉴于目前技术较为成熟的生物膜法污水处理技术，具有运营维护费用成本低，耗能比较低等优点，生物法废气处理技术目前已经在国外得到了广泛的运用（大型污水厂臭气臭味的处理）。然而该方法也有一些缺陷，比如需要较大的设备占地空间。

化工废气主要处理工艺比较见表 6-1。

表 6-1　化工废气主要处理工艺比较

工艺项目	净化原理	适用废气	运行成本	投资成本	应用情况
洗涤吸收法	物理吸收 化学吸收	低中高浓度 中小风量	中	低	常作为预处理与其他方法综合使用
直接活性炭吸附	范德华力吸附	低浓度 任何风量	高	低	普通工艺应用较广 目前最成熟
吸附- 催化燃烧法	范德华力吸附- 再生利用	大风量低浓度 有机废气治理	低	较高	成熟工艺应用较多
燃烧法	焚烧	高浓度 中小风量	中	高	应用较广
生物法	微生物生命活动	低浓度 中小风量	低	中	常用于污水处理站废气处理

以某化工企业煤制气项目为例介绍企业废气治理措施，如表 6-2 所示。

表 6-2　某煤制气企业主要生产单元废气治理措施

序号	污染源	污染物	处理措施	排放规律
1	煤粉制备单元			
1.1	转运站	粉尘	集气罩＋布袋除尘器，15m 高空排放。满足《大气污染物综合排放标准》（GB 16297）二级标准	连续
1.2	破碎	粉尘		连续
1.3	筛分	粉尘		连续
2	气化单元			
2.1	原煤仓排放气	粉尘	集气罩＋布袋除尘器，20m 高空排放。满足《大气污染物综合排放标准》（GB 16297）二级标准	连续
2.2	石灰石仓排放气	粉尘	集气罩＋布袋除尘器，50m 高空排放。满足《大气污染物综合排放标准》（GB 16297）二级标准	连续
2.3	磨煤干燥惰性循环气	粉尘、氮氧化物	集气罩＋布袋除尘器，90m 高空排放。满足《大气污染物综合排放标准》（GB16297）二级标准	连续
2.4	煤锁载气/吹扫气	粉尘、甲醇、硫化氢	当煤粉锁斗排空，将通过控制阀泄压，煤灰经过滤后排放。采用布袋除尘处理后 90m 高空排放。甲醇满足《石油化学工业污染物排放标准》（GB 31571）标准	连续
2.5	酸性气分离罐闪蒸气	H_2、CO_2、CO、CH_4、H_2S、COS、HCN、NH_3	来自气化单元黑水的闪蒸处理，去粉煤变换单元汽提塔汽提	连续
2.6	真空闪蒸分离罐闪气	CO_2、CO	30m 高空排放。满足《大气污染物综合排放标准》（GB 16297）二级标准	
2.7	煤锁泄压驰放气	粉尘、CO、CO_2、H_2S、CH_4、N_2	煤锁泄压后，留在煤锁中的少部分煤气被抽出，产生煤锁泄压驰放气。采用布袋除尘。经气柜送锅炉燃烧处理	
2.8	粉尘收集器尾气	粉尘	采用布袋除尘处理后 70m 高空排放。满足《大气污染物综合排放标准》（GB 16297）二级标准	
2.9	开车煤气	CO、CO_2、CH_4、N_2、H_2S、H_2、C_2^+、NH_3	火炬，125m	间断非正常排放
2.10	膨胀气	CO_2、CO、H_2、CH_4、H_2S	该污染源是由煤气水分离单元膨胀槽产生的，去碎煤气化气柜，与煤锁气一起压缩进入锅炉燃烧	连续

续表

序号	污染源	污染物	处理措施	排放规律
3	变换单元			
3.1	变换汽提酸性气	CO、CO_2、H_2、H_2S、NH_3	粉煤变换汽提过程中产生的不凝气,返回硫回收工序	连续
3.2	变换非正常工况开车废气	CO、CO_2、H_2、N_2、H_2S、NH_3、COS	火炬,125m	间断非正常排放
4	低温甲醇洗单元			
4.1	低温甲醇洗酸性气	CO_2、CO、H_2S、COS	产生于粉煤低温甲醇洗 H_2S 馏分分离器排气,去硫回收装置	连续
4.2	低温甲醇尾气洗涤塔尾气	CO_2、CO、H_2、H_2S、CH_4、CH_3OH	低温甲醇洗尾气洗涤塔采用脱盐水脱除部分甲醇馏分后 120m 放空尾气。甲醇满足《石油化学工业污染物排放标准》(GB 31571)标准;H_2S 满足《恶臭污染物排放标准》(GB 14554)	连续
5	甲烷化及干燥单元			
5.1	甲烷化含氨不凝气	H_2、CO、CH_4、NH_3	属于甲烷化装置冷凝液汽提塔的不凝气,送硫回收单元	连续
5.2	三甘醇再生尾气	CH_4	产生于三甘醇再生塔,20m 排入大气	连续
5.3	非正常工况开停车废气	CH_4	火炬,125m	间断非正常排放
6	硫回收单元			
6.1	制硫尾气	SO_2、NO_x、H_2S	100m 排入大气。SO_2 满足《石油炼制工业污染物排放标准》GB 31570 二级标准。H_2S 满足《恶臭污染物排放标准》(GB 14554)	连续
7	污水处理			
7.1	生物脱臭尾气	NH_3、H_2S、VOC_S	污水处理场臭气处理工艺为"水洗+二级生物滴滤池、生物滤床+光催化氧化"。满足《恶臭污染物排放标准》(GB 14554)	连续
7.2	非正常工况废水暂存池恶臭脱出系统排气	NH_3、H_2S、VOC_S	废水暂存池使用时开启。处理工艺为"水洗+二级生物滴滤池、生物滤床+光催化氧化"。满足《恶臭污染物排放标准》(GB 14554)	间断非正常排放
7.3	非正常工况浓盐水池恶臭脱出系统排气	NH_3、H_2S、VOC_S	不能正常运行时,浓盐水进入浓盐水缓冲池。处理工艺为"水洗+二级生物滴滤池、生物滤床+光催化氧化"。满足《恶臭污染物排放标准》(GB 14554)	间断非正常排放

第二节　化工废水治理技术

化工行业是水污染排放大户,化工行业废水治理问题已经严重影响化工行业健康可持续发展。

化工废水来源不同,水质差异很大,化工产品种类繁多,生产工艺各不相同,在生产过程中排出的物质含有大量人工合成的有机物,污染性强、难降解。

一、化工废水水质特征

1. 水质成分复杂，污染物种类多

化工废水是化工厂排出的生产废水。多数化工企业的生产过程包括多种化学反应，在生产过程中，当反应不完全时，副产物、使用的各种辅料和溶剂等就会进入到废水中，废水就变得成分复杂。

2. 有机污染物浓度高

化工废水尤其是石油化工废水，有机酸、醛、醚、酮、醇和环氧化物等物质含量较多，特点就是 BOD 和 COD 含量较高。当这种废水被排放到水体后，在水中会进一步氧化分解，消耗大量水中的溶解氧，威胁着水生生物的生存。而这两种物质含量较低时，可生化性又比较差，难以实行直接的生物处理。

3. 有毒有害特征污染物多

化工废水中含有许多种污染物，包括氰、汞、砷、酚、铅和镉等有毒物质，多环芳烃化合物等致癌物质，以及无机酸、碱类等腐蚀性、刺激性物质。且有些废水的温度和色度都比较高。

4. 废水中含盐量较高

由于化工生产过程中有大量的酸碱参与反应，排放的废水中无机盐含量也比较高，大量无机盐的存在，也抑制生化系统微生物菌种活性，增加了处理难度。

化工废水的分类、来源和特点见表 6-3。

表 6-3　化工废水的分类、来源和特点

分类	主要来源	特点
石油化工	石油裂解、精炼、分馏、重整和合成过程等生产废水	污染物浓度高且难降解
煤化工	煤炼焦、煤气化净化和化工产品回收等生产废水	水量大、毒性大、污染物浓度高
合成化工	合成染料、合成化工等生产废水	色度高、难降解
医药化工	抗生素、合成药物、中成药等生产废水	有机物含量高、有毒性、生物难降解

二、化工废水处理方法

1. 物理法

物理法是通过机械或者物理作用进行分离废水中悬浮物的处理方法，主要用于去除废水中的漂浮物、悬浮固体、砂和油类等物质。

普遍采用的物理法包括重力沉淀法、过滤法和气浮法。

重力沉淀法是利用水中悬浮颗粒的密度和水的密度的差别进行沉淀，在重力场的作用下进行自然沉降，从而实现固液分离的一种过程。

过滤法是利用过滤层物质去除水中的不溶性杂质，主要是降低水中的悬浮物，设备主要

使用过滤器和微孔管。

气浮法是利用高度分散的微小气泡作为载体黏附废水中的悬浮物，形成水-气-颗粒（油滴）三相混合体系，由于密度的差异使悬浮物随气泡一起浮升到水面而实现悬浮物和水的分离。此种方法的分离对象主要是油类和疏水性细微悬浮物。

物理方法的优势在于工艺过程较为简单，现场管理比较方便，但对可溶性成分的废水处理仍有很大的局限性。

（1）磁分离技术　作为一种新兴的废水处理技术，近几年磁分离技术越来越受到人们的关注。该技术是在废水处理过程中投加磁种和混凝剂，进而利用二者的共同作用，使反应生成的颗粒迅速聚结加大密度差，从而加速悬浮物的分离。基本原理是通过外加磁场对含有磁性物质的悬浮物吸引从而实现悬浮物和与废水的分离效果。

（2）膜分离技术　膜分离技术是一项应用面广，适应性强的高效分离浓缩技术，该技术是选择透过性膜在化学位差或外力的作用下，对混合物中粒径不同的组分进行分离和提纯。

2. 化学法

化学法是在废水处理时通过产生化学反应改变物质性能来处理污水中的胶体或溶解物的方法。水处理工艺经常使用的化学法有电化学氧化法、化学氧化法、化学混凝法等。由于此类水处理法处理的水质好、但水处理成本较高，因此经常在生化后的出水继续处理，用以提高产水水质。化学混凝法是通过向废水中加入化学药剂，使之发生化学反应，微小的悬浮物与胶体等污染物生成凝聚和絮凝的作用，使这些物质沉淀到底部，以达到去除效果。此方法可以成功去除细小的颗粒，并且对色度和微生物以及有机物等的去除也有较好的效果。

（1）化学氧化法　化学氧化是向废水中投放氧化剂如臭氧、次氯酸、氯气和空气等，氧化难降解的有机污染物，从而达到处理的目的。

（2）电化学氧化法　电化学氧化法是利用光、声、电、磁等一类无毒的试剂进行催化氧化反应处理废水，针对生物难降解的有机物特别有效，是目前水处理领域的热门研究方向。

3. 物理化学法

物理化学法是在水处理过程中根据物理化学或化工分离原理进行废水处理的一种方法。物理化学法包含离子交换、吸附、分离、萃取、汽提等。该种水处理方法主要用于去除废水中含有的较为细小的悬浮物和溶解的有机物，其缺点在于某种水处理方法具有较强的选择性，只适用于或者针对某一类物质的分离能够达到较好的水处理效果，且水处理的费用较高，还容易造成二次污染加大了水处理的难度。

4. 生物法

生物法是通过微生物的新陈代谢作用分解和去除废水中的有机污染物。包含好氧生物处理和厌氧生物处理两种生物处理方法。

（1）好氧生物处理法　好氧生物水处理法主要包括两种：一种是生物膜法，该种方法是利用生物膜对有机物的吸附和氧化作用，通过与废水的接触，从而实现水处理过程的方法；另外一种是活性污泥法，该种方法是利用悬浮生长的微生物进行废水处理，活性污泥含有微生物可降解废水中的有机物。

（2）厌氧生物处理法　厌氧生物处理法是利用厌氧微生物的降解作用去除废水中污染物的方法。

三、化工废水处理工艺

1. 有机废水常用处理工艺

针对有机废水，目前主要采用"物化处理＋生化处理＋深度处理"3 个环节进行处理。各环节常用的处理工艺如下所述。

（1）物化处理段　物化处理段主要有隔油池、气浮池和混凝沉淀池，其中隔油池适用于去除废水中大部分油类，对于乳化物和皂化物，既不沉池底也不易上浮至表面，采用中间间断排放方式排出隔油池。气浮池主要用于去除密度较轻的油类物和悬浮物（SS）。混凝沉淀主要用于去除含量较多的 SS 和胶体。

（2）生化处理段　生化处理段常用工艺主要有缺氧-好氧脱氮工艺（A/O）、厌氧-缺氧-好氧工艺（A/A/O）、序批式活性污泥法（SBR）、氧化沟工艺和生物移动床反应器（MB-BR）。A/O 和 A/A/O 工艺主要在厌氧（缺氧）、好氧交替运行条件下，实现对有机物及氮类化合物的去除。SBR 工艺可在同一个反应器内实现缺氧、好氧交替运行，实现有机物及氮类化合物的去除。氧化沟工艺能在沟中的不同区域出现好氧和缺氧的环境，实现硝化和反硝化的目的。MBBR 工艺具有生物滤池与流化床的多种优点，不存在生物滤池的填料堵塞、需反冲洗等问题，同时能耗也没有生物流化床高，其利用生物载体上的生物膜实现同步硝化与反硝化，达到脱氮目的。

（3）深度处理段　深度处理段常用工艺主要有臭氧氧化、化学氧化＋曝气生物滤池（BAF）＋活性炭吸附，其中臭氧氧化及化学氧化技术的主要功能是有机废水经过生化处理后，可生化性较差，设置高级氧化工艺提高废水的可生化性。BAF 主要是为进一步去除废水中残留的 COD 和氨氮。最后设置活性炭吸附，主要功能是保证出水的稳定性和可靠性，防止出水水质波动对后续膜处理的冲击。

2. 含盐废水处理常用工艺

为实现废水的零排放，化工企业将含盐量较高的水和经深度处理后的有机废水进一步处理，常采用"低盐废水处理＋浓盐水处理＋高浓盐水固化处理"三段式进行。各段常用处理技术及主要功能如下所述。

（1）低盐废水处理段　该段处理工艺常采用混凝沉淀＋过滤＋超滤＋一级反渗透，其中混凝沉淀是进一步去除废水中 SS 和胶体。过滤的目的是使污水通过一定高度的过滤介质层，通过截留、吸附等作用去除其中悬浮颗粒、胶体等杂质。超滤主要是进一步去除水中的 SS、胶体及 COD，为反渗透进水提高保障。一级反渗透的主要功能是脱盐，实现废水的回收利用。

（2）浓盐水处理段　该段常用处理技术为机械过滤＋脱钙、镁技术＋膜浓缩，其中机械过滤的目的是进一步去除废水中 SS 和胶体。脱钙、镁技术，主要目的是实现钙、镁的去除，防止后续处理段结垢问题。膜浓缩是浓缩浓盐水，进一步提高水的回用率。

（3）高浓盐水固化处理段　该段常用处理技术为机械蒸发或蒸发塘，其中机械蒸发是利用蒸汽实现盐的结晶。蒸发塘是利用太阳能，在自然条件下将高浓盐水逐渐蒸发，实现盐的结晶。

下面以某化工企业煤制气项目为例介绍企业污水治理工艺，如图 6-1 所示。水处理工艺主要包括预处理、生化处理以及深度处理等。处理过程按分流、分质处理的原则，高浓度的酚氨回收废水首先进行了除油、厌氧预处理，而后汇同其他污水集中二级生化处理、深度处理。

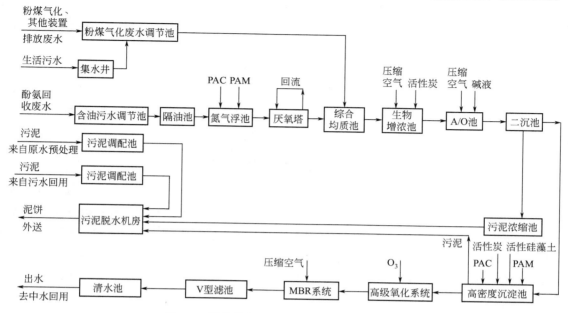

图 6-1　某煤制气企业污水处理工艺流程简图

📖 知识拓展

常用污水水质指标及含义

◎BOD$_5$

生物化学需氧量（biochemical oxygen demand）简写，表示在20℃下，5d微生物氧化分解有机物所消耗水中溶解氧量。其值越高说明水中有机污染物质越多，污染也就越严重。

◎COD$_{Mn}$/COD$_{Cr}$

化学需氧量（chemical oxygen demand）简写，表示在一定的条件下，采用一定的强氧化剂处理水样时，所消耗的氧化剂量，是水中还原性物质多少的一个指标，其值越大，说明水体受有机物的污染越严重。COD$_{Mn}$表示采用的氧化剂为KMnO$_4$，COD$_{Cr}$表示采用的氧化剂为K$_2$Cr$_2$O$_7$。

COD$_{Cr}$-BOD差值表示污水中难被微生物分解的有机物，用BOD$_5$/COD$_{Cr}$比值表示污水的可生化性。对低浓度有机废水，一般认为，当BOD$_5$/COD$_{Cr}$≥0.3时，污水的可生化性较好；当BOD$_5$/COD$_{Cr}$<0.3时，认为污水的可生化性较差，不宜采用生物处理法。

◎SS

悬浮物质（suspended soild）简写，水中悬浮物测定用2mm的筛通过，并且用孔径为1μm的玻璃纤维滤纸截留的物质为SS。

◎pH

pH值，用来衡量溶液的酸碱性强弱程度。异常的pH值或pH值变化很大，会影响污水的生物处理。另外，采用物理化学处理污水时，pH值是重要的操作条件。工业废水生化池出水pH值通常为6～9。

◎氨氮

氨氮（NH$_3$-N）是指水中以游离氨（NH$_3$）和铵离子（NH$_4^+$）形式存在的氮，主要来源于污水中含氮有机物的分解，如焦化、合成氨等工业废水含有极高浓度的氨氮。在自然界以各种形态进行着循环转换，有机氮如蛋白质水解为氨基酸，在微生物作用下分解为氨氮，氨氮在硝化细菌作用下转化为亚硝酸盐氮（NO_2^-）和硝酸盐氮（NO_3^-）；另外，NO_2^- 和 NO_3^- 在厌氧条件下在脱氮菌作用下转化为 N_2。

◎总磷

总磷（P）是水样经消解将各种形态的磷转变成正磷酸盐后测定的结果。磷同氮一样，也是污水生物处理所必需的元素，磷同时也是引发封闭性水体富营养化污染的元素之一。

第三节　化工固废治理技术

工业固体废弃物属于固体废弃物其中的一种，是工业生产过程中排入自然环境中的各种废渣、除尘设施收集的粉尘以及其他废弃物。工业固体废弃物根据危害状况可以分为危险废弃物和一般工业固体废弃物，其中危险废弃物主要是指易燃易爆、具有腐蚀性、放射性、传染性等有毒有害废物，如医疗废弃物、化学废弃物、核废料等；而一般工业固体废弃物则包含较广，其主要是指粉煤灰、冶炼废渣、尾矿、硫酸渣、赤泥、工业粉尘等，在工业固体废弃物中占绝大比例。

一、化工固废来源及特点

化学工业固体废弃物简称"化工固废"，是指化工生产过程中产生的固体、半固体或浆状废弃物，包括化工生产过程中进行化合、分解、合成等化学反应产生的不合格产品（含中间产品）、副产物、失效催化剂、废添加剂、未反应的原料及原料中夹带的杂质等，以及直接从反应装置排出的或在产品精制、分离、洗涤时由相应装置排出的工艺废物，还有空气污染控制设施排出的粉尘，废水处理产生的污泥，设备检修和事故泄漏产生的固体废弃物及报废的旧设备、化学品容器和工业垃圾等。

化工固废具有下列特点。

（1）固废产生量大　化工固废产生量较大，一般每生产 1t 产品可产生 1～3t 固废，有的生产 1t 产品可产生高达 8～12t 固废，是较大的工业污染源之一。

（2）危险废物种类多　化工固废种类繁多，而且有毒物质含量高，若得不到有效处置，将会对人体和环境造成较大影响。

（3）废物资源化潜力大　化工固废中有相当一部分是反应的原料和副产物，通过加工就可以将有价值的物质从废物中回收利用，取得较好的经济、环境双重效益。

二、化工固废处理方法

当前，化工固废的处理方法主要有焚烧、回收利用、建材原料和填埋等。本文就一些典型化工固废处理方式做简单介绍。

1. 煤化工气化废渣

煤气化过程均会产生大量废渣，主要为粗渣（气化炉渣）、细渣（黑水滤饼）和飞灰等。气化废渣的成分与原料煤的组成、灰分含量及气化工艺等因素相关，主要成分为 SiO_2、Al_2O_3、CaO 和残余炭等，不同公司、不同类型气化炉所产生的气化废渣成分不同。气化灰渣的划分需要参照危险废物鉴别标准（GB 5085.3—2007）做重金属浸出实验，大量实验数据显示气化灰渣属于第Ⅰ类一般工业固体废物。当前处理技术有焚烧实现碳回收，参照粉煤灰利用方式用于制砖、水泥原料，或直接渣场填埋。

2. 催化剂废弃物

工业催化剂主要是指在化工行业生产中为了促进化学反应、加快反应速率而添加的化学或物理的催化剂。由于催化剂一般不参与化学反应，在工业生产完成后往往会遗留下许多的废催化剂。废催化剂可分为危险固体废物与一般固体废物，其中含贵重金属的危险固体废物一般由生产厂家回收，其他明确为一般固体废物的废催化剂送灰渣填埋场填埋。

工业催化剂的回收利用方法主要有干法回收、湿法回收、干湿法结合回收和不分离法回收。

3. 污水处理污泥

根据污水水质不同，污水处理污泥可分为危险废物和一般固废。属于危险废物的污泥需交由具备危废处理资质的单位处理；一般废物可选择渣场填埋或焚烧利用。

知识拓展

清洁生产与循环经济

◎清洁生产

清洁生产是指在生产全过程和产品全生命周期中持续地运用整体预防污染的战略，达到减少对人类和生态环境的危害，也就是以清洁的原料、清洁的生产过程为基础，生产清洁的产品，采取有效的污染物治理措施，并从优化工艺、改进设备、加强管理等方面入手，通过降低生产过程中的能耗、物耗，达到提高产品质量、降低成本、降低排污的目的。清洁生产是实现可持续发展的重要措施之一。

清洁生产要求：在生产环节，要严格执行污染物达标排放，鼓励节能降耗，实行清洁生产并依法强制审核；在废物产生环节，要强化污染预防和全过程控制，实行生产者责任延伸，合理延长产业链，强化对各种废物的循环使用；在消费环节，要大量倡导环境友好的消费方式，实行环境标识、环境认证和政府绿色采购制度，完善再生资源回收利用体系。

◎循环经济

循环经济是一种生态经济，它要求运用生态学规律来指导人类社会的经济活动，提倡的是一种与环境和谐的经济发展模式，要求把经济活动组织成一个"资源—产品—再生资源"的反馈流程，其特征是低开采、高利用、低排放，所有的物质和能量要能在这个不断进行的经济循环中得到合理和持久的利用，以把经济活动对自然环境的影响降低到较小的程度。

循环经济主要有三大原则，即"减量化、再利用、资源化"。减量化原则针对的是输入端，旨在减少进入生产和消费过程中物质和能源流量，对废弃物的产生，是通过预防的方式而不是末端治理的方式来加以避免的；再利用原则属于过程性方法，目的是延长产品和服务的时间强度，也就是说，尽可能多次或多种方式的使用物品，避免物品过早的成为垃圾；资源化原则是针对输出端，把废弃物再次变成资源以减少最终处理量，资源化能够减少垃圾的产生，制成使用能源较少的新产品。

第七章

环境管理与监测

环境管理和环境监测是污染防治的重要内容之一，是实现污染总量控制和治理措施达到预期治理的有效保证。化工企业建成投产后，在依据环评中所评述的环境保护措施实施的同时，还需要加强环境管理和环境监测工作，以便及时发现生成装置运行过程中存在的问题，尽快采取处理措施，减少或避免污染和损失。同时通过加强管理和环境监测工作，为清洁生产工艺改造和污染处理技术进步提供具有实际指导意义的参考。

第一节　环境管理

一、环境管理机构设置及职责

为有效保护环境和防止污染事故的发生，建设单位应设专职环境保护的管理机构（可以与安全、职业卫生管理机构合并办公，如成立安职环部）和专职环境管理人员。环境管理机构主要负责项目施工期和运营期环境保护方面的检测、日常监督、突发性环境污染事故的处理，以及协调和解决与环保部门和周围公众关系的环境管理工作。环境管理机构的具体职责如下。

① 在项目建设期搞好环保设施的"三同时"及施工现场的环境保护工作。

② 建立健全环境保护工作规章制度，明确环保责任制及其奖惩办法。

③ 负责制定项目环境保护管理办法、环境保护规章制度、环境监测制度、环境保护考核制度、污染事故的防止和应急措施以及生产安全条例，并监督检查这些制度和措施的执行情况。

④ 确定公司的环境目标，对各车间、部门及操作岗位进行监督与考核。

⑤ 建立环保档案，包括环评报告、环保工程验收报告、污染源监测报告、环保设备及运行记录以及其他环境统计资料。

⑥ 收集与管理有关污染和排放标准、环保法规、环保技术资料。

⑦ 搞好环保设施与生产主体设备的协调管理，使污染防治设施的配备与生产主体设备相适应，并与主体设备同时运行及检修，污染防治设施出现故障时，环境管理机构应立即与生产部门共同采取措施，严防污染扩大，并负责污染事故的处理。

⑧ 直接管理或协调公司的日常环境监测事宜。

⑨ 负责处理解决环境污染和扰民的投诉。

⑩ 组织职工的环保教育，搞好环保宣传。

⑪ 定期编制企业的环境报表和年度环境保护工作报告，提交给上级和当地环境主管部门。

为了提高环保工作的质量，企业应加强环境管理人员、环境监测人员以及兼职环保人员的业务培训，并提供一定的经费来保证培训的实施。

二、环境管理实施

1. 施工期的环境管理

针对拟建项目施工期间对环境的影响，建设单位及施工承包方需采取以下措施。

① 选择环保业绩优秀的施工承包方，并在承包合同中明确规定有关环境保护条款，如承包施工段的主要环境保护目标，应采取的水、气、声、生态保护及水土保持措施等，将环保工作的执行情况作为工程验收的标准之一等。

② 施工承包方应明确管理人员、职责等，并按照其承包施工段的环保要求，编制详细的工程施工环境管理方案，连同施工计划一起呈报业主环保管理部门以及相关的地方环保部门，批准后方可以开工。

③ 在施工作业之前，对全体施工人员进行培训，包括环保知识、意识和能力的培训。在施工作业过程中，施工承包方应严格执行批准的工程施工环境管理方案，并认真落实各项环境保护措施。

④ 对该工程实施工程环境监督机制，并纳入到整体工程监理当中。环境监督工作方式以定期巡查为主，对存在重大环境问题隐患的施工区随时进行跟踪检查，做好记录，及时处理。监督环评报告书提出的环保措施须得到落实，通过工程监理发出指令来控制施工中的环境问题。

2. 运行期的环境管理

① 建立严格的环保指标考核制度，每月由环保管理机构对各车间进行考核，做到奖罚分明。

② 建立环保治理设施运行管理制度，环保治理设施不得无故减负荷运行或停运，确保环保治理设施满负荷正常运行。

③ 实行污染物监测及数据反馈制度，按环境监测实施计划的要求，对全厂污染物进行监测，并建立数据库，作为评比考核的依据。

④ 完善厂三级管理网络，使环境管理制度落到实处，做到防患于未然。

⑤ HSE 管理人员参加污染事故、污染纠纷的调查、处理及上报工作。

⑥ 定期组织环保管理人员进行业务学习，技术培训，提高管理水平。

⑦ 加强企业干部职工环境知识的教育与宣传。在教育中增加环保方针、政策、法纪等内容，在科普教育中列进环保与生态内容，教育干部职工树立文明生产、遵纪守法的良好习惯和保护环境造福人民的责任心。

⑧ 将环保纳入企业总体发展计划，力争做到环保与经济效益同步发展。

3. 排污口规范化管理

（1）排污口标志　排放一般污染物排污口（源），应设置提示式标志牌，排放有毒有害等污染物的排污口设置警告式标志牌。

标志牌设置位置在排污口（采样点）附近且醒目处。高度为标注牌上缘离地面 2m。排污口附近 1m 范围内无建筑物，设立式标志牌。规范化排污口的有关设置（如图形标志、计量装置、监控装置等）属环保设施，建设单位负责日常的维护保养，任何单位和个人不得擅自拆除，如需变更的需报环境监理部门同意并办理变更手续。图形符号见表 7-1。

表 7-1　排放口规范化图形标志

序号	提示图形符号 背景颜色：绿色 图形颜色：白色	警告图像符号 背景颜色：黄色 图形颜色：黑色	名称	功能
1			废气排放口	表示废气向大气排放
2			一般固体废物储存	表示固废储存处置场所
			危险固体废物储存	表示固废储存处置场所
3			噪声源	表示噪声向外环境排放

（2）排污口管理　排污口规范化管理具体要求见表 7-2。

表 7-2　排污口规范化管理要求表

项目	主要要求内容
基本原则	1. 凡向环境排放污染物的一切排污口必须进行规范化管理； 2. 将总量控制的污染物排污口及行业特征污染物排放口列为管理的重点； 3. 排污口设置应便于采样和计量监测，便于日常现场监督和检查； 4. 如实向环保行政主管部门申报排污口位置，排污种类、数量、浓度与排放去向等
技术要求	1. 排污口位置必须按照环监(1996)470 号文要求合理确定，实行规范化管理； 2. 具体设置应符合《污染源监测技术规范》的规定与要求
立标管理	1. 排污口必须按照国家《环境保护图形标志》相关规定，设置环保图形标志牌； 2. 标志牌设置位置应距排污口及固体废物储存（处置）场或采样点较近且醒目处，设置高度一般为标志牌上缘距离地面约 2m； 3. 重点排污单位排污口立式标志牌，一般单位排污口可设立式或平面固定式提示性环保图形标志牌； 4. 对危险物储存、处置场所，必须设置警告性环境保护图形标志牌
建档管理	1. 使用《中华人民共和国规范化排污口标志登记证》，并按要求填写有关内容； 2. 严格按照环境管理监控计划及排污口管理内容要求，在工程建成后将主要污染物种类、数量、排放浓度与去向，立标及环保设施运行情况记录在案，并及时上报； 3. 选派有专业技能的环保人员对排污口进行管理，做到责任明确，奖罚分明

① 废水排放口。不同企业所在地区对污水排放管理制度不同，一般情况为当建设单位废水排放总管与所在园区（或污水厂）统一管网对接时，必须向当地环保局申报，确定排放口排放废水水质、污染物种类、排放口位置、对接管网材质管径，并以正式文件确认批复排

放口。

企业按照环保部门统一要求负责安装流量计和在线电导仪、化学需氧量（COD）仪、氨氮仪、pH 计、浊度仪监测设备，设置规范排污口标志，并与在线监控平台联网。

② 废气排放口。废气排放口主要为工艺排放口和锅炉烟气排放口（如果设有锅炉）。按相关污染物监测技术规范中规定，废气排放口须便于采样、监测的要求，排放口的直径、高度须符合规定。

③ 固定噪声源。按相关规定，对固定噪声源进行治理，并在边界噪声敏感点和对外界影响最大处设置标志牌。

第二节　环境监测

一、环境监测的一般范围

环境监测是指在工程的建设期、运营期对工程主要污染对象进行环境样品的采集、化验、数据处理与编制报告等的活动。

环境监测的目的是便于及时了解项目施工、营运行为对环境保护目标产生影响的范围和程度，以便采取相应的减缓措施。在监测计划中一部分由当地环境保护部门根据环境管理的需要实施；另一部分则由企业自己承担，并将监测数据反馈于生产系统，促进生产与环保协调发展。

二、施工期的环境监测

项目施工期环境监测工作主要是对厂界周围环境质量进行监控性跟踪监测。其范围、项目和频率可视当地具体情况，并根据当地环保部门要求而确定。

对施工期产生的扬尘、废弃土、施工污水和废弃泥浆处置情况、处置方式是否符合环评措施和有关规定要求情况进行跟踪检查。

三、运营期的环境监测

根据建设项目的实际情况以及《化工建设项目环境保护监测站设计规定》（HG/T 20501）的要求，建议项目单位设置化工企业环境保护监测丙级站。监测站的办公用房设置，人员配置应符合《化工建设项目环境保护监测站设计规定》（HG/T20501）中丙级站要求，监测站配置的仪器设施见表 7-3。

环境监测站的主要任务如下。

① 对本项目废水、废气、废渣、噪声排放源及厂界污染物浓度进行监测，分析排放的污染物是否符合国家和地方规定的排放标准。

② 对项目内"三废"治理设施进行监测，了解其运行情况。

③ 对可能出现的高危排放点、容易造成污染事故的设施，进行特定目标的警戒监测，以便尽快报警，尽可能减小危害的影响范围。

④ 在发生环境污染事故时，开展或配合有关机构开展环境应急监测，为环境污染事故处理提供依据。

⑤ 建立环境监测数据档案，为企业环境管理和污染控制提供依据，为地方或企业上级环境监测管理部门提供环境监测统计资料。

表 7-3　主要仪器设备配置一览表（参考）

序号	名称	单位	数量	用途
1	气相色谱仪	套	1	化学有机分析
2	电子天平	台	3	称量
3	精密天平	台	1	称量
4	可见分光光度计	套	1	环境样品 Cr、As 等分析
5	紫外可见分光光度计	套	1	环境样品 NO_2-N 等分析
6	智能酸度计	套	1	pH 分析等
7	浊度计	台	1	样品浊度分析
8	化学耗氧量测定仪	套	2	COD 测定
9	生化培养箱	台	1	BOD 测定
10	BOD 测定仪	套	2	BOD 测定
11	油分测定仪	套	1	油类测定
12	CO 测定仪	套	1	CO 测定
13	全自动烟尘采样仪	套	3	测试烟尘
14	烟气采样器	套	2	测试烟尘
15	便携式大气连续采样器	套	5	空气样品采集
16	大流量 TSP 采样器	套	5	空气样品采集
17	便携式 SO_2 测试仪	套	1	烟气 SO_2 测定
18	声级计	台	2	噪声测定
19	电磁射线测定仪	台	1	电磁射线测定
20	冰箱	台	1	
21	计算机	套	2	数据处理
22	环境监测车	辆	1	

为切实做好项目营运期污水、废气、厂界噪声的达标排放及污染物排放总量控制，生产企业应制定科学、合理的自行监测计划以监视污染防治设施的运行，并做好自行监测记录，表 7-4 为某煤制气企业运营期环境自行监测计划安排。企业自行监测发现污染物排放超标的，应当及时采取防止或减轻污染的措施，分析原因，并向负责备案的环境保护主管部门报告。

表 7-4　某煤制气企业营运期环境监测计划一览表

污染源类别	监测点位	监测项目	监测频率
废水	生化处理系统进出口	水量、pH、BOD_5、COD_{cr}、总悬浮物、TDS、石油类、氨氮、总酚	每日监测一次，监控污水处理站运行情况
地下水	厂区及周边共布设地下水水质监测井	pH 值、总硬度、氨氮、硝酸盐氮、亚硝酸盐氮、硫化物、氰化物、挥发酚、铅、镉、砷、汞、六价铬、石油类、苯系物	1 次/季

续表

污染源类别	监测点位	监测项目	监测频率
废气	煤气水分离及酚氨回收界区	挥发酚,NH_3	1 次/季
	低温甲醇洗工序放空尾气排气口	甲醇、H_2S	1 次/季
	煤储运及磨煤等除尘器排气口	颗粒物	1 次/周
	锅炉烟气	SO_2、NO_x、NH_3、烟尘	在线监测,并与当地环保局联网
	硫回收尾气	SO_2、NO_x	在线监测,并与当地环保局联网
	罐区及厂界	NH_3、H_2S、非甲烷总烃	1 次/季
噪声	沿厂界每 200m 设监测点	等效连续 A 声级	1 次/季,分昼夜进行
土壤	厂址中部、边界处	pH、Cd、Pb、Cu、Cr^{6+}、As、Hg、Ni、Zn	每年监测 1 次

附录

附录一　安全生产法律、法规、部门规章及标准规范

1. 法律

《中华人民共和国职业病防治法》（主席令 ［2017］ 第 81 号，2017 年 11 月 4 日修正版）

《中华人民共和国安全生产法》（主席令 ［2014］ 第 13 号，2014 年 8 月 31 日修正版）

《中华人民共和国特种设备安全法》（主席令 ［2013］ 第 4 号）

《中华人民共和国消防法》（主席令 ［2019］ 第 29 号，2019 年 4 月 23 日修订，2019 年 11 月 1 日起施行）

2. 法规

《危险化学品安全管理条例》（国务院令 ［2013］ 第 645 号修正）

《安全生产许可证条例》（国务院令 ［2014］ 第 653 号修正）

《易制毒化学品管理条例》（国务院令 ［2016］ 第 666 号）

《特种设备安全监察条例》（国务院令 ［2009］ 第 549 号）

《工伤保险条例》（国务院令 ［2010］ 第 586 号）

3. 部门规章

《易制爆危险化学品名录（2017 年版）》（中华人民共和国公安部公告）

《国家安全监管总局关于印发〈化工（危险化学品）企业保障生产安全十条规定〉〈烟花爆竹企业保障生产安全十条规定〉和〈油气罐区防火防爆十条规定〉的通知》（安监总政法 ［2017］ 第 15 号）

《危险化学品生产企业安全生产许可证实施办法》（国家安全生产监督管理总局令 ［2017］ 89 号修订）

《生产安全事故应急预案管理办法》（国家安全生产监督管理总局令 ［2016］ 第 88 号）

《国家安全监管总局关于印发淘汰落后安全技术工艺、设备目录（2016 年）的通知》（安监总科技〔2016〕137 号）

《危险化学品目录（2015 版）》（国家安全生产监督管理总局等十部门公告 2015 年第 5

号）

《国家安全监管总局关于印发企业安全生产责任体系"五落实""五到位"规定》（安监总办［2015］第 27 号）

《国家安全监管总局关于印发淘汰落后安全技术装备目录（2015 年第一批）的通知》（安监总科技［2015］第 75 号）

《国家安全监管总局关于修改〈生产安全事故报告和调查处理条例〉罚款处罚暂行规定等四部规章的决定》（国家安全生产监督管理总局令［2015］第 77 号）

《建设项目安全设施"三同时"监督管理办法》（国家安全生产监督管理总局令［2015］第 77 号修订）

《危险化学品重大危险源监督管理暂行规定》（国家安全生产监督管理总局令［2015］79 号修订）

《危险化学品建设项目安全监督管理办法》（国家安全生产监督管理总局令［2015］79 号修订）

《特种作业人员安全技术培训考核管理规定》（国家安全生产监督管理总局令［2015］第 80 号令第二次修订）

《安全生产培训管理办法》（国家安全生产监督管理总局令［2015］第 80 号第二次修订）

《生产经营单位安全培训规定》（国家安全生产监督管理总局令［2015］80 号修改）

《危险化学品目录（2015 版）实施指南（试行）的通知》（安监总厅管三［2015］第 80 号）

《国家安全监管总局关于进一步加强化学品罐区安全管理的通知》（安监总管三［2014］68 号）

《国家安全监管总局关于加强化工企业泄漏管理的指导意见》（安监总管三［2014］第 94 号）

《国家安全监管总局关于加强化工安全仪表系统管理的指导意见》（安监总管三［2014］第 116 号）

《国家安全监管总局关于公布第二批重点监管危险化工工艺目录和调整首批重点监管危险化工工艺中部分典型工艺的通知》（安监总管三［2013］第 3 号）

《国家安全监管总局关于公布第二批重点监管危险化学品名录的通知》（安监总管三［2013］第 12 号）

《国家安全监管总局关于加强化工过程安全管理的指导意见》（安监总管三［2013］第 88 号）

《企业安全生产费用提取和使用管理办法》（财企［2012］第 16 号）

《国家安全监管总局关于公布首批重点监管的危险化学品名录的通知》（安监总管三［2011］第 95 号）

《首批重点监管的危险化学品安全措施和事故应急处置原则》（安监总厅管三［2011］142 号）

《国家安全监督管理总局关于公布首批重点监管的危险化工工艺目录的通知》（安监总管

三 [2009] 第 116 号)

4. 标准、规范

《化学品分类和危险性公示通则》(GB 13690—2009)

《危险货物品名表》(GB 12268—2012)

《化学品分类和标签规范》(GB 30000.2～29—2013)

《危险化学品重大危险源辨识》(GB 18218—2018)

《危险货物包装标志》(GB 190—2009)

《危险货物分类和品名编号》(GB 6944—2012)

《危险货物运输包装类别划分方法》(GB/T 15098—2008)

《安全色》(GB 2893—2008)

《安全标志及其使用导则》(GB 2894—2008)

《企业职工伤亡事故分类》(GB 6441—1986)

《生产过程危险和有害因素分类与代码》(GB/T 13861—2009)

《危险化学品从业单位安全标准化通用规范》(AQ 3013—2008)

《化学品生产单位特殊作业安全规范》(GB 30871—2014)

《高处作业分级》(GB/T 3608—2008)

《起重机械安全规程》(GB 6067—2010)

《危险化学品储罐区作业安全通则》(AQ 3018—2008)

《生产经营单位生产安全事故应急预案编制导则》(GB/T 29639—2013)

《危险化学品单位应急救援物资配备标准》(GB 30077—2013)

《石油化工可燃性气体排放系统设计规范》(SH 3009—2013)

《压力容器中化学介质毒性危害和爆炸危险程度分类标准》(HG 20660—2017)

《化工设备、管道外防腐设计规范》(HG/T 20679—2014)

《石油化工金属管道布置设计规范》(SH 3012—2011)

《工业管道的基本识别色、识别符号和安全标识》(GB 7231—2003)

《固定式钢梯及平台安全要求第 1 部分　钢直梯》(GB 4053.1—2009)

《固定式钢梯及平台安全要求第 2 部分　钢斜梯》(GB 4053.2—2009)

《固定式钢梯及平台安全要求第 3 部分　工业防护栏杆及钢平台》(GB 4053.3—2009)

《机械安全　防护装置　固定式和活动式防护装置设计与制造一般要求》(GB/T 8196—2003)

《工业企业总平面设计规范》(GB 50187—2012)

《石油化工企业设计防火标准》(GB 50160—2008)(2018 年版)

《建筑设计防火规范》(GB 50016—2014)(2018 年版)

《建筑抗震设计规范》(GB 50011—2016)

《建筑工程抗震设防分类标准》(GB 50223—2008)

《室外消火栓》(GB 4452—2011)

《建筑灭火器配置设计规范》(GB 50140—2005)

《泡沫灭火系统设计规范》(GB 50151—2010)

《构筑物抗震设计规范》（GB 50191—2012）

《水喷雾灭火系统技术规范》（GB 50219—2014）

《固定消防炮灭火系统设计规范》（GB 50338—2003）

《储罐区防火堤设计规范》（GB 50351—2014）

《工业建筑供暖通风与空气调节设计规范》（GB 50019—2015）

《建筑采光设计标准》（GB 50033—2013）

《建筑照明设计标准》（GB 50034—2013）

《工业建筑防腐蚀设计规范》（GB 50046—2018）

《压缩空气站设计规范》（GB 50029—2014）

《工业循环冷却水处理设计规范》（GB 50050—2017）

《用电安全导则》（GB/T 13869—2017）

《化工企业供电设计技术规定》（HG/T 20664—1999）

《供配电系统设计规范》（GB 50052—2009）

《低压配电设计规范》（GB 50054—2011）

《3-110kV 高压配电装置设计规范》（GB 50060—2008）

《20kV 及以下变电所设计规范》（GB 50053—2013）

《特低电压（ELV）限值》（GB/T 3805—2008）

《自动化仪表选型设计规范》（HG/T 20507—2014）

《仪表系统接地设计规范》（HG/T 20513—2014）

《建筑物防雷设计规范》（GB 50057—2010）

《爆炸危险环境电力装置设计规范》（GB 50058—2014）

《自动化仪表工程施工及质量验收规范》（GB 50093—2013）

《火灾自动报警系统设计规范》（GB 50116—2013）

《电气装置安装工程　爆炸和火灾危险环境电气装置施工及验收规范》（GB 50257—2014）

《爆炸性环境　第 1 部分：设备　通用要求》（GB 3836.1—2010）

《电力装置的继电保护和自动装置设计规范》（GB/T 50062—2008）

《交流电气装置的接地设计规范》（GB/T 50065—2011）

《建筑物防雷装置检测技术规范》（GB/T 21431—2015）

《石油化工安全仪表系统设计规范》（GB/T 50770—2013）

《危险场所电气防爆安全规范》（AQ 3009—2007）

《石油化工静电接地设计规范》（SH 3097—2017）

《防止静电事故通用导则》（GB 12158—2006）

《石油化工可燃气体和有毒气体检测报警设计规范》（GB 50493—2009）

《石油化工控制室设计规范》（SH/T 3006—2012）

《石油化工储运系统罐区设计规范》（SH/T 3007—2014）

《石油化工分散控制系统设计规范》（SH/T 3092—2013）

《危险化学品重大危险源安全监控通用技术规范》（AQ 3035—2010）

《危险化学品重大危险源罐区现场安全监控装备设置规范》（AQ 3036—2010）

《职业性接触毒物危害程度分级》（GB Z230—2010）

《石油化工企业职业安全卫生设计规范》（SH 3047—1993）

《化工企业安全卫生设计规范》（HG 20571—2014）

《工业企业设计卫生标准》（GBZ 1—2010）

《生产过程安全卫生要求总则》（GB/T 12801—2008）

《工业企业噪声控制设计规范》（GB/T 50087—2013）

《工业企业厂界环境噪声排放标准》（GB 12348—2008）

《工作场所职业病危害作业分级第四部分：噪声》（GBZ/T 229.4—2012）

《工作场所有害因素职业接触限值第 1 部分：化学有害因素》（GBZ 2.1—2007）

《工作场所有害因素职业接触限值第 2 部分：物理因素》（GBZ 2.2—2007）

《有毒作业场所危害程度分级》（AQ/T 4208—2010）

《个体防护装备选用规范》（GB/T 11651—2008）

《固定式压力容器安全技术监察规程》（TSG 21—2016）

《压力管道安全技术监察规程-工业管道》（TSG D0001—2009）

《特种设备使用管理规则》（TSG 08—2017）

《锅炉安全技术监察规程》（TSG G0001—2012）

《起重机械使用管理规则》（TSG Q5001—2009）

《起重机械定期检验规则》（TSG Q7015—2016）

附录二　危险化学品安全标志

主标志（16 种）

底色：橙红色　　　　　　　　　　　　　　底色：正红色
图形：正在爆炸的炸弹（黑色）　　　　　　图形：火焰（黑色或白色）
文字：黑色　　　　　　　　　　　　　　　文字：黑色或白色

标志 1　爆炸品标志　　　　　　　　　　　标志 2　易燃气体标志

底色：绿色
图形：气瓶（黑色或白色）
文字：黑色或白色

标志 3　不燃气体标志

底色：红色
图形：火焰（黑色或白色）
文字：黑色或白色

标志 5　易燃液体标志

底色：上半部白色
图形：火焰（黑色或白色）
文字：黑色或白色

标志 7　自燃物品标志

底色：白色
图形：骷髅头和交叉骨形（黑色）
文字：黑色

标志 4　有毒气体标志

底色：红白相间的垂直宽条（红 7、白 6）
图形：火焰（黑色）
文字：黑色

标志 6　易燃固体标志

底色：蓝色，下半部红色
图形：火焰（黑色）
文字：黑色

标志 8　遇湿易燃物品标志

底色：柠檬黄色
图形：从圆圈中冒出的火焰（黑色）
文字：黑色

标志 9　氧化剂标志

底色：柠檬黄色
图形：从圆圈中冒出的火焰（黑色）
文字：黑色

标志 10　有机过氧化物标志

底色：白色
图形：骷髅头和交叉骨形（黑色）
文字：黑色

标志 11　有毒品标志

底色：白色
图形：骷髅头和交叉骨形（黑色）
文字：黑色

标志 12　剧毒品标志

底色：白色下半部一条垂直的红色宽条
图形：上半部三叶形（黑色）下半部白色
　　　下半部一条垂直的红色宽条
文字：黑色

标志 13　一级放射性物品标志

底色：上半部黄色
图形：上半部三叶形（黑色）
　　　下半部两条垂直的红色宽条
文字：黑色

标志 14　二级放射性物品标志

底色：上半部黄色、下半部白色
图形：上半部三叶形（黑色）
　　　下半部三条垂直的红色宽条
文字：黑色

标志 15　三级放射性物品标志

底色：上半部白色、下半部黑色
图形：上半部两个试管中液体分别向
　　　金属板和手上滴落（黑色）
文字：（下半部）白色

标志 16　腐蚀品标志

副标志（11 种）

底色：橙红色
图形：正在爆炸的炸弹（黑色）
文字：黑色

标志 17　爆炸品标志

底色：红色
图形：火焰（黑色）
文字：黑色或白色

标志 18　易燃气体标志

底色：绿色
图形：气瓶（黑色或白色）
文字：黑色

标志 19　不燃气体标志

底色：白色
图形：骷髅头和交叉骨形（黑色）
文字：黑色

标志 20　有毒气体标志

底色：红色
图形：火焰（黑色）
文字：黑色

底色：红白相间的垂直宽条（红 7、白 6）
图形：火焰（黑色）
文字：黑色

标志 21　易燃液体标志

标志 22　易燃固体标志

底色：上半部白色，下半部红色
图形：火焰（黑色）
文字：黑色或白色

底色：蓝色
图形：火焰（黑色）
文字：黑色

标志 23　自燃物品标志

标志 24　遇湿易燃物品标志

底色：柠檬黄色
图形：从圆圈中冒出的火焰（黑色）
文字：黑色

底色：白色
图形：骷髅头和交叉骨形（黑色）
文字：黑色

标志 25　氧化剂标志

标志 26　有毒品标志

底色：上半部白色，下半部黑色
图形：上半部两个试管中液体分别向金属板和手上滴落（黑色）
文字：（下半部）白色

标志 27　腐蚀品标志

附录三　生产过程危险和有害因素分类与代码

1　术语和定义

1.1　生产过程
劳动者在生产领域从事生产活动的全过程。

1.2　危险和有害因素
能对人造成伤亡或影响人的身体健康甚至导致疾病的因素。

1.3　人的因素
与生产各环节有关的，来自人员自身或人为性质的危险和有害因素。

1.4　物的因素
机械、设备、设施、材料等方面存在的危险和有害因素。

1.5　环境因素
生产作业环境中的危险和有害因素。

1.6　管理因素
管理上的失误、缺陷和管理责任所导致的危险和有害因素。

2　分类原则和代码结构
按可能导致生产过程中危险和有害因素的性质进行分类，生产过程危险和有害因素共分为四大类，分别是"人的因素""物的因素""环境因素"和"管理因素"。代码共分四层，用 6 位数字表示，第一、二层分别用一位数字表示大类、中类；第三、四层分别用二位数字表示小类、细类。

3　分类与代码
危险和有害因素的分类与代码见表 1。

表 1　危险和有害因素的分类与代码

代码	危险和有害因素	说　明
1	人的因素	
11	心理、生理性危险和有害因素	
1101	负荷超限	指易引起疲劳、劳损、伤害等的负荷超限
110101	体力负荷超限	
110102	听力负荷超限	
110103	视力负荷超限	
110199	其他负荷超限	
1102	健康状况异常	指伤、病期等
1103	从事禁忌作业	
1104	心理异常	
110401	情绪异常	
110402	冒险心理	
110403	过度紧张	
110499	其他心理异常	
1105	辨识功能缺陷	
110501	感知延迟	
110512	辨识错误	
110599	其他辨识功能缺陷	
1199	其他心理、生理性危险和有害因素	
12	行为性危险和有害因素	
1201	指挥错误	包括与生产环节有关的各级管理人员的指挥
120101	指挥失误	
120102	违章指挥	
120199	其他指挥错误	
1202	操作错误	
120201	误操作	
120202	违章作业	
120299	其他操作错误	
1203	监护失误	
1299	其他行为性危险和有害因素	
2	物的因素	
21	物理性危险和有害因素	
2101	设备、设施、工具、附件缺陷	
210101	强度不够	
210102	刚度不够	
210103	稳定性差	抗倾覆、抗位移能力不够。包括重心过高、底座不稳定、支承不正确等
210104	密封不良	指密封件、密封介质、设备辅件、加工精度、装配工艺等缺陷以及磨损、变形、气蚀等造成的密封不良
210105	耐腐性差	
210106	应力集中	
210107	外形缺陷	指设备、设施表面的尖角利棱和不应有的凹凸部分等
210108	外露运动件	指人员易触及的运动件
210109	操纵器缺陷	指结构、尺寸、形状、位置、操纵力不合理及操纵器失灵、损坏等
210110	制动器缺陷	
210111	控制器缺陷	
210199	设备、设施、工具、附件其他缺陷	
2102	防护缺陷	

代码	危险和有害因素	说　明
210201	无防护	
210202	防护装置、设施缺陷	指防护装置、设施本身安全性、可靠性差,包括防护装置、设施、防护用品损坏、失效、失灵等
210203	防护不当	指防护装置、设施和防护用品不符合要求、使用不当。不包括防护距离不够
210204	支撑不当	包括矿井、建筑施工支护不符合要求
210205	防护距离不够	指设备布置、机械、电气、防火、防爆等安全距离不够和卫生防护距离不够等
210299	其他防护缺陷	
2103	电伤害	
210301	带电部位裸露	指人员易触及的裸露带电部位
210302	漏电	
210303	静电和杂散电流	
210304	电火花	
210399	其他电伤害	
2104	噪声	
210401	机械性噪声	
210402	电磁性噪声	
210403	流体动力性噪声	
210499	其他噪声	
2105	振动危害	
210501	机械性振动	
210502	电磁性振动	
210503	流体动力性振动	
210599	其他振动危害	
2106	电离辐射	包括 X 射线、γ 射线、α 粒子、β 粒子、中子、质子、高能电子束等
2107	非电离辐射	
210701	紫外辐射	
210702	激光辐射	
210703	微波辐射	
210704	超高频辐射	
210705	高频电磁场	
210706	工频电场	
2108	运动物伤害	
210801	抛射物	
210802	飞溅物	
210803	坠落物	
210804	反弹物	
210805	土、岩滑动	
210806	料堆(垛)滑动	
210807	气流卷动	
210899	其他运动物伤害	
2109	明火	
2110	高温物质	
211001	高温气体	
211002	高温液体	
211003	高温固体	
211004	其他高温物质	

代码	危险和有害因素	说　明
2111	低温物质	
211101	低温气体	
211102	低温液体	
211103	低温固体	
211199	其他低温物质	
2112	信号缺陷	
211201	无信号设施	指应设信号设施处无信号,如无紧急撤离信号等
211202	信号选用不当	
211203	信号位置不当	
211204	信号不清	指信号量不足,如响度、亮度、对比度、信号维持时间不够等
211205	信号显示不准	包括信号显示错误、显示滞后或超前等
211299	其他信号缺陷	
2113	标志缺陷	
211301	无标志	
211302	标志不清晰	
211303	标志不规范	
211304	标志选用不当	
211305	标志位置缺陷	
211399	其他标志缺陷	
2114	有害光照	包括直射光、反射光、眩光、频闪效应等
2199	其他物理性危险和有害因素	
22	化学性危险和有害因素	依据 GB 13690 中的规定
2201	爆炸品	
2202	压缩气体和液化气体	
2203	易燃液体	
2204	易燃固体、自燃物品和遇湿易燃物品	
2205	氧化剂和有机过氧化物	
2206	有毒品	
2207	放射性物品	
2208	腐蚀品	
2209	粉尘与气溶胶	
2299	其他化学性危险和有害因素	
23	生物性危险和有害因素	
2301	致病微生物	
230101	细菌	
230102	病毒	
230103	真菌	
230199	其他致病微生物	
2302	传染病媒介物	
2303	致害动物	
2304	致害植物	
2399	其他生物性危险和有害因素	
3	环境因素	包括室内、室外、地上、地下(如隧道、矿井)、水上、水下等作业(施工)环境
31	室内作业场所环境不良	
3101	室内地面滑	指室内地面、通道、楼梯被任何液体、熔融物质润湿,结冰或有其他易滑物等
3102	室内作业场所狭窄	
3103	室内作业场所杂乱	

续表

代码	危险和有害因素	说　明
3104	室内地面不平	
3105	室内梯架缺陷	包括楼梯、阶梯、电动梯和活动梯架,以及这些设施的扶手、扶栏和护栏、护网等
3106	地面、墙和天花板上的开口缺陷	包括电梯井、修车坑、门窗开口、检修孔、排水沟等
3107	房屋基础下沉	
3108	室内安全通道缺陷	包括无安全通道,安全通道狭窄、不畅等
3109	房屋安全出口缺陷	包括无安全出口、设置不合理等
3110	采光照明不良	指照度不足或过强、烟尘弥漫影响照明等
3111	作业场所空气不良	指自然通风差、无强制通风、风量不足或气流过大、缺氧或有害气体超限等
3112	室内温度、湿度、气压不适	
3113	室内给、排水不良	
3114	室内涌水	
3199	其他室内作业场所环境不良	
32	室外作业场地环境不良	
3201	恶劣气候与环境	包括风、极端的温度、闪电、大雾、冰雹、暴雨雪、洪水、泥石流、地震等;由航空器事故引起的灰尘和混乱
3202	作业场地和交通设施湿滑	包括铺设好的地面区域、阶梯、通道、道路、小路等被任何液体、熔融物质润湿,冰雪覆盖或有其他易滑物等
3203	作业场地狭窄	
3204	作业场地杂乱	
3205	作业场地不平	包括不平坦的地面和路面,有铺设的、未铺设的、草地、小鹅卵石或碎石地面和路面
3206	航道狭窄、有暗礁与险滩	
3207	脚手架、阶梯和活动梯架缺陷	包括这些设施的扶手、扶栏和护栏、护网等
3208	地面开口缺陷	包括升降梯井、修车坑、水沟、水渠等
3209	建筑物和其他结构缺陷	包括建筑中或拆毁中的墙壁、桥梁、建筑物;筒仓、固定式粮仓、固定的槽罐和容器;屋顶、塔楼等
3210	门和围栏缺陷	包括大门、栅栏、畜栏和铁丝网等
3211	作业场地基础下沉	
3212	作业场地安全通道缺陷	包括无安全通道,安全通道狭窄、不畅等
3213	作业场地安全出口缺陷	包括无安全出口、设置不合理等
3214	作业场地光照不良	指光照不足或过强、烟尘弥漫影响光照等
3215	作业场地空气不良	指自然通风差或气流过大、作业场地缺氧或有害气体超限等
3216	作业场地温度、湿度、气压不适	
3217	作业场地涌水	
3299	其他室外作业场地环境不良	
33	地下(含水下)作业环境不良	不包括以上室内室外作业环境已列出的有害因素
3301	隧道/矿井顶面缺陷	
3302	隧道/矿井正面或侧壁缺陷	
3303	隧道/矿井地面缺陷	
3304	地下作业面空气不良	
3305	地下火	
3306	冲击地面	
3307	地下水	
3308	水下作业供氧不当	
3309	其他地下作业环境不良	
3399	支护结构缺陷	

续表

代码	危险和有害因素	说　明
39	其他作业环境不良	
3901	强迫体位	指生产设备、设施的设计或作业位置不符合人类工效学要求而易引起作业人员疲劳、劳损或事故的一种作业姿势
3902	综合性作业环境不良	显示有两种以上致害因素且不能分清主次的情况
3999	以上未包括的其他作业环境不良	
4	管理因素	
41	职业安全卫生组织机构不健全	包括安全组织机构的设置和人员的配置
42	职业安全卫生责任制未落实	
43	职业安全卫生管理规章制度不完善	
4301	建设项目"三同时"制度未落实	
4302	操作规程不规范	
4303	事故应急预案及响应缺陷	
4304	培训制度不完善	
4399	其他职业安全卫生管理规章制度不健全	
44	职业安全卫生投入不足	包括职业健康体检及其档案管理等不完善
45	职业健康管理不完善	
49	其他管理因素缺陷	

附录四　企业职工伤亡事故分类

1. 事故类别

我国现行国家标准 GB 6441—86《企业职工伤亡事故分类》中，将事故类别划分成 20 项，见表 1。

表 1　企业职工伤亡事故类别

序号	事故类别名称	序号	事故类别名称
1	物体打击	11	冒顶片帮
2	车辆伤害	12	透水
3	机械伤害	13	放炮
4	起重伤害	14	火药爆炸
5	触电	15	瓦斯爆炸
6	淹溺	16	锅炉爆炸
7	灼烫	17	容器爆炸
8	火灾	18	其他爆炸
9	高处坠落	19	中毒和窒息
10	坍塌	20	其他伤害

2. 事故划分依据

（1）物体打击

指失控物体的惯性力造成的人身伤害事故。

适用于落下物、飞来物、滚石、崩块所造成的伤害。但不包括因爆炸引起的物体打击。

（2）车辆伤害

指本企业机动车辆引起的机械伤害事故。

适用于机动车辆在行驶中的挤、压、撞车或倾覆等事故；以及在行驶中上下车，搭乘矿车或放飞车，车辆运输挂钩事故，跑车事故。

（3）机械伤害

指机械设备与工具引起的绞、辗、碰、割戳、切等伤害。如工件或刀具飞出伤人；切屑伤人；手或身体被卷入；手或其他部位被刀具碰伤；被转动的机械缠压住等。但属于车辆、起重设备的情况除外。

（4）起重伤害

指从事起重作业时引起的机械伤害事故。

适用各种起重作业。包括：桥式类型起重机，如龙门起重机、缆索起重机等；臂架式类型起重机，如门座起重机、塔式起重机、悬臂起重机、桅杆起重机、铁路起重机、履带起重机、汽车和轮胎起重机等；升降机，如电梯、升船机、货物升降机等；轻小型起重设备，如千斤顶、滑车葫芦（手动、气动、电动）等作业。

不适用于下列伤害：a.触电；b.检修时制动失灵引起的伤害；c.上下驾驶时引起的坠落式跌倒。

（5）触电

指电流流经人体，造成生理伤害的事故。

适用于触电、雷击伤害。如人体接触带电的设备金属外壳，裸露的临时线，漏电的手持电动工具；起重设备误触高压线，或感应带电；雷击伤害；触电坠落等事故。

（6）淹溺

指因大量水经口、鼻进入肺内，造成呼吸道阻塞，发生急性缺氧而窒息死亡的事故。

适用于船舶、排筏、设施在航行、停泊、作业时发生的落水事故。

（7）灼烫

指强酸、强碱溅到身体引起的灼伤；或因火焰引起的烧伤；高温物体引起的烫伤；放射线引起的皮肤损伤等事故。

适用于烧伤、烫伤、化学灼伤、放射性皮肤损伤等伤害。

不包括电烧伤以及火灾事故引起的烧伤。

（8）火灾

指造成人身伤亡的企业火灾事故。

不适用于非企业原因造成的火灾，比如，居民火灾蔓延到企业，此类事故属于消防部门统计的事故。

（9）高处坠落

指由于危险重力势能差引起的伤害事故。

适用于脚手架、平台、陡壁施工等高于地面的坠落；也适用于由地面踏空失足坠入洞、坑、沟、升降口、漏斗等情况。但排除以其他类别为诱发条件的坠落。如高处作业时，因触电失足坠落应定为触电事故，不能按高处坠落划分。

（10）坍塌

指建筑物、构筑物、堆置物等倒塌以及土石塌方引起的事故。

适用于因设计或施工不合理而造成的倒塌，以及土方、岩石发生的塌陷事故。如建筑物倒塌，脚手架倒塌；挖掘沟、坑、洞时土石的塌方等情况。

不适用于矿山冒顶片帮事故，或因爆炸、爆破引起的坍塌事故。

（11）冒顶片帮

指矿井工作面、巷道侧壁由于支护不当、压力过大造成的坍塌，称为片帮；顶板垮落为冒顶。二者常同时发生，简称为冒顶片帮。

适用于矿山、地下开采、掘进及其他坑道作业发生的坍塌事故。

（12）透水

指矿山、地下开采或其他坑道作业时，意外水源带来的伤亡事故。

适用于井巷与含水岩层、地下含水带、溶洞或被淹巷道、地面水域相通时，涌水成灾的事故。不适用于地面水害事故。

（13）放炮

指施工时，放炮作业造成的伤亡事故。

适用于各种爆破作业。如：采石、采矿、采煤、开山、修路、拆除建筑物等工程进行的放炮作业引起的伤亡事故。

（14）火药爆炸

指火药与炸药在生产、运输、储藏的过程中发生的爆炸事故。

适用于火药与炸药生产在配料、运输、储藏、加工过程中，由于震动、明火、摩擦、静电作用，或因炸药的热分解作用，储藏时间过长或因存药过多发生的化学性爆炸事故；以及熔炼金属时，废料处理不净，残存火药或炸药引起的爆炸事故。

（15）瓦斯爆炸

是指可燃性气体瓦斯、煤尘与空气混合形成了浓度达到燃烧极限的混合物，接触火源时，引起的化学性爆炸事故。

主要适用于煤矿，同时也适用于空气不流通，瓦斯、煤尘积聚的场合。

（16）锅炉爆炸

指锅炉发生的物理性爆炸事故。

适用于使用工作压力大于 0.7atm、以水为介质的蒸汽锅炉（以下简称锅炉），但不适用于铁路机车、船舶上的锅炉以及列车电站和船舶电站的锅炉。

（17）容器爆炸

容器（压力容器的简称）是指比较容易发生事故，且事故危害性较大的承受压力载荷的密闭装置。容器爆炸是压力容器破裂引起的气体爆炸，即物理性爆炸，包括容器内盛装的可燃性液化气，在容器破裂后，立即蒸发，与周围的空气混合形成爆炸性气体混合物，遇到火源时产生的化学爆炸，也称容器的二次爆炸。

（18）其他爆炸

凡不属于上述爆炸的事故均列为其他爆炸事故。

（19）中毒和窒息

指人接触有毒物质，如误吃有毒食物，呼吸有毒气体引起的人体急性中毒事故；或在废弃的坑道、竖井、涵洞、地下管道等不通风的地方工作，因为氧气缺乏，有时会发生突然晕倒，甚至死亡的事故称为窒息。两种现象合为一体，称为中毒和窒息事故。

不适用于病理变化导致的中毒和窒息的事故，也不适用于慢性中毒的职业病导致的死亡。

（20）其他伤害

凡不属于上述伤害的事故均称为其他伤害。如扭伤、跌伤、冻伤、野兽咬伤、钉子扎伤等。

附录五 化工企业安全检查样表

表1 安全生产管理单元安全检查表

序号	检查内容	检查依据	现场实际情况	检查结果
1	企业应当依法设置安全生产管理机构,配备专职安全生产管理人员。配备的专职安全生产管理人员必须能够满足安全生产的需要	《危险化学品生产企业安全生产许可证实施办法》第十二条		
2	专职安全生产管理人员应不少于企业员工总数的2%(不足50人的企业至少配备1人),要具备化工或安全管理相关专业中专以上学历,有从事化工生产相关工作2年以上经历,取得安全管理人员资格证书	《关于危险化学品企业贯彻落实〈国务院关于进一步加强企业安全生产工作的通知〉的实施意见》第三条		
3	企业应当建立全员安全生产责任制,保证每位从业人员的安全生产责任与职务、岗位相匹配	《危险化学品生产企业安全生产许可证实施办法》第十三条		
4	应建立至少包含以下内容的安全生产规章制度:安全生产例会,工艺管理,开停车管理,设备管理,电气管理,公用工程管理,施工与检维修(特别是动火作业、进入受限空间作业、高处作业、起重作业、临时用电作业、破土作业等)安全规程,安全技术措施管理,变更管理,巡回检查,安全检查和隐患排查治理;干部值班,事故管理,厂区交通安全,防火防爆,防尘防毒,防泄漏,重大危险源,关键装置与重点部位管理;危险化学品安全管理,承包商管理,劳动防护用品管理;安全教育培训,安全生产奖惩等	《关于危险化学品企业贯彻落实〈国务院关于进一步加强企业安全生产工作的通知〉的实施意见》第一条第(二)款		
5	企业应当根据化工工艺、装置、设施等实际情况,制定完善下列主要安全生产规章制度: 1.安全生产例会等安全生产会议制度; 2.安全投入保障制度; 3.安全生产奖惩制度; 4.安全培训教育制度; 5.领导干部轮流现场带班制度; 6.特种作业人员管理制度; 7.安全检查和隐患排查治理制度; 8.重大危险源评估和安全管理制度; 9.变更管理制度; 10.应急管理制度; 11.生产安全事故或者重大事件管理制度; 12.防火、防爆、防中毒、防泄漏管理制度; 13.工艺、设备、电气仪表、公用项目安全管理制度; 14.动火、进入受限空间、吊装、高处、盲板抽堵、动土、断路、设备检维修等作业安全管理制度; 15.危险化学品安全管理制度; 16.职业健康相关管理制度; 17.劳动防护用品使用维护管理制度; 18.承包商管理制度; 19.安全管理制度及操作规程定期修订制度	《危险化学品生产企业安全生产许可证实施办法》第十四条		
6	企业应当根据危险化学品的生产工艺、技术、设备特点和原辅料、产品的危险性编制岗位操作安全规程	《危险化学品生产企业安全生产许可证实施办法》第十五条		

续表

序号	检查内容	检查依据	现场实际情况	检查结果
7	企业主要负责人、分管安全负责人和安全生产管理人员必须具备与其从事的生产经营活动相适应的安全生产知识和管理能力,依法参加安全生产培训,并经考核合格,取得安全资格证书。 企业分管安全负责人、分管生产负责人、分管技术负责人应当具有一定的化工专业知识或者相应的专业学历,专职安全生产管理人员应当具备国民教育化工化学类(或安全工程)中等职业教育以上学历或者化工化学类中级以上专业技术职称。 企业应当有危险物品安全类注册安全工程师从事安全生产管理工作。 特种作业人员应当依照《特种作业人员安全技术培训考核管理规定》,经专门的安全技术培训并考核合格,取得特种作业操作证书。 本条第一、二、四款规定以外的其他从业人员应当按照国家有关规定,经安全教育培训合格	《危险化学品生产企业安全生产许可证实施办法》第十六条		
8	企业应当按照国家规定提取与安全生产有关的费用,并保证安全生产所必需的资金投入	《危险化学品生产企业安全生产许可证实施办法》第十七条		
9	企业应当依法参加工伤保险,为从业人员缴纳保险费	《危险化学品生产企业安全生产许可证实施办法》第十八条		
10	企业应当依法委托具备国家规定资质的安全评价机构进行安全评价,并按照安全评价报告的意见对存在的安全生产问题进行整改	《危险化学品生产企业安全生产许可证实施办法》第十九条		
11	(1)企业应当依据《危险化学品重大危险源辨识》(GB 18218),对本企业的生产、储存和使用装置、设施或者场所进行重大危险源辨识。 (2)对已确定为重大危险源的生产和储存设施,应当执行《危险化学品重大危险源监督管理暂行规定》	《危险化学品生产企业安全生产许可证实施办法》第十一条		
12	按照国家有关规定编制危险化学品事故应急预案并报有关部门备案	《危险化学品生产企业安全生产许可证实施办法》第二十一条第(一)款		
13	建立应急救援组织,规模较小的企业可以不建立应急救援组织,但应指定兼职的应急救援人员	《危险化学品生产企业安全生产许可证实施办法》第二十一条第(二)款		

表 2　厂址现状单元安全检查表

序号	检查内容	检查依据	现场实际情况	检查结果
1	厂址选择应符合国家工业布局和当地城镇总体规划及土地利用总体规划的要求。厂址选择应严格执行国家建设前期工作的有关规定	《化工企业总图运输设计规范》第3.1.1条		
2	厂址选择应同时满足交通运输设施、能源和动力设施、防洪设施、环境保护工程及生活等配套建设用地的要求	《化工企业总图运输设计规范》第3.1.4条		
3	厂址宜靠近主要原料和能源供应地、产品主要销售地及协作条件好的地区	《化工企业总图运输设计规范》第3.1.5条		
4	厂址应具有方便和经济的交通运输条件	《化工企业总图运输设计规范》第3.1.6条		

序号	检查内容	检查依据	现场实际情况	检查结果
5	厂址应有充足、可靠的水源和电源,且应满足企业发展需要	《化工企业总图运输设计规范》第3.1.7条		
6	厂址不应受洪水、潮水和内涝威胁,其防洪标准应按表3.2.4的规定执行。其他防洪要求尚应符合现行国家标准《防洪标准》(GB 50201)的有关规定	《化工企业总图运输设计规范》第3.2.4条		
7	厂址不应选择在下列地段或地区: 1. 地震断层及地震基本烈度高于9度的地震区; 2. 工程地质严重不良地段; 3. 重要矿床分布地段及采矿陷落(错动)区; 4. 国家或地方规定的风景区、自然保护区及历史文物古迹保护区; 5. 对飞机起降、电台通信、电视传播、雷达导航和天文、气象、地震观测以及军事设施等有影响的地区; 6. 供水水源卫生保护区; 7. 易受洪水危害或防洪工程量很大的地区; 8. 不能确保安全的水库,在库坝决溃后可能淹没的地区; 9. 在爆破危险区范围内; 10. 大型尾矿库及废料场(库)的坝下方; 11. 有严重放射性物质污染影响区; 12. 全年静风频率超过60%的地区	《化工企业总图运输设计规范》第3.1.13条		
8	运输设计应合理组织货流和人流,各种运输线路、车站、码头前沿和人流繁忙的道路应减少相互间的平面交叉与干扰	《化工企业总图运输设计规范》第9.1.5条		
9	公路和地区架空电力线路严禁穿越生产区	《石油化工企业设计防火规范》第4.1.6条		

表3　总平面布置单元安全检查表

序号	检查内容	检查依据	现场实际情况	检查结果
1	工艺装置在生产、操作和环境条件许可时,应露天化、联合集中布置	《化工企业总图运输设计规范》第5.1.2条		
2	厂区总平面应按功能分区布置,可分为生产装置区、辅助生产区、公用工程设施区、仓储区和行政办公及生活服务区。 辅助生产和公用工程设施也可布置在生产装置内。功能分区布置应符合下列要求: 1. 各功能区内部应布置紧凑、合理并与相邻功能区相协调; 2. 各功能区之间物流输送、动力供应便捷合理; 3. 生产装置区宜布置在全年最小频率风向的上风侧,行政办公及生活服务设施区宜布置在全年最小频率风向的下风侧,辅助生产和公用工程设施区宜布置在生产装置区与行政办公及生活服务设施区之间	《化工企业总图运输设计规范》第5.1.4条		
3	总平面布置应节约集约用地,提高土地利用率。布置时并应符合下列要求: 1. 在符合生产流程、操作要求和使用功能的前提下,建筑物、构筑物等设施,应采用联合、集中、多层布置; 2. 应按企业规模和功能分区,合理地确定通道宽度; 3. 厂区功能分区及建筑物、构筑物的外形宜规整; 4. 功能分区内各项设施的布置,应紧凑、合理	《工业企业总平面设计规范》第5.1.2条		

序号	检查内容	检查依据	现场实际情况	检查结果
4	化工企业主要出入口不应少于两个,并位于不同方位,大型化工厂的人流和货运应明确分开,大宗危险货物运输须有单独路线,不与人流及其他货流混行或平交	《化工企业安全卫生设计规范》第3.2.4条		
5	围墙至建筑物、道路、铁路和排水沟的最小间距,应符合表5.7.5的规定	《工业企业总平面设计规范》第5.7.5条		
6	总平面布置应根据当地气象条件和地理位置等,使建筑物具有良好的朝向和自然通风	《化工企业总图运输设计规范》第5.1.9条		
7	污水处理场、大型物料堆场、仓库区应分别集中布置在厂区边缘地带	《化工企业安全卫生设计规范》第3.2.3条		
8	室外变、配电站与建构筑物、堆场、储罐之间的防火间距应满足现行国家标准《建筑设计防火规范》(GB 50016)、《石油化工企业防火设计规范》(GB 50160)的规定,不易布置在循环水冷却塔冬季最大频率风向的下风侧	《化工企业安全卫生设计规范》第3.2.8条		
9	可燃液体的储罐区、可燃气体储罐区、装卸区及化学品仓库区应环设消防车道。消防车道的路面宽度不应小于6m,路面内缘转弯半径不宜小于12m,路面上空净空高度不应低于5m	《石油化工企业设计防火规范》第4.3.4条		
10	液化烃、可燃液体、可燃气体的罐区内,任何储罐的中心距至少2条消防车道的距离均不应大于120m	《石油化工企业设计防火规范》第4.3.5条		
11	总变电站位置的选择,应符合下列要求: 1. 应靠近厂区边缘,且输电线路进出方便的地段; 2. 不得受粉尘、水雾、腐蚀性气体等污染源的影响,并应位于散发粉尘、腐蚀性气体污染源全年最小频率风向的下风侧和散发水雾场所冬季盛行风向的上风侧; 3. 不得布置在有强烈振动设施的场地附近; 4. 应有运输变压器的道路; 5. 宜布置在地势较高地段	《工业企业总平面设计规范》第4.4.5条		
12	压缩空气站的布置应符合下列要求: 1. 应位于空气洁净的地段,应避免靠近散发爆炸性、腐蚀性和有害气体及粉尘等场所,并应位于散发爆炸性、腐蚀性和有害气体及粉尘等场所全年最小频率风向的下风侧; 2. 压缩空气站的朝向,应结合地形、气象条件,使站内有良好的通风和采光;储气罐宜布置在站房的北侧; 3. 压缩空气站的布置,尚应符合本规范第5.2.4和第5.2.5条的规定	《工业企业总平面设计规范》第5.3.4条		
13	汽车装卸设施、液化烃灌装站及各类物品仓库等机动车辆频繁进出的设施应布置在厂区边缘或厂区外,并宜设围墙独立成区	《石油化工企业设计防火规范》第4.2.7条		
14	在甲、乙类装置内部的设备、建筑物区的设置应符合下列规定: 1. 应用道路将装置分割成为占地面积不大于10000m² 的设备、建筑物区; 2. 当大型石油化工装置的设备、建筑物区占地面积大于10000m² 小于20000m² 时,在设备、建筑物区四周应设环形道路,道路路面宽度不应小于6m,设备、建筑物区的宽度不应大于120m,相邻两设备、建筑物区的防火间距不应小于15m,并应加强安全措施	《石油化工企业设计防火规范》第5.2.11条		

续表

序号	检查内容	检查依据	现场实际情况	检查结果
15	行政办公及生活服务设施的布置,应位于厂区全年最小频率风向的下风侧,并应符合下列要求: 1. 应布置在便于行政办公、环境洁净、靠近主要人流出入口、与城镇和居住区联系方便的位置; 2. 行政办公及生活服务设施的用地面积,不得超过工业项目总用地面积的7%	《工业企业总平面设计规范》第5.7.1条		
16	厂区通道宽度应根据下列因素经计算确定: 1. 应符合防火、安全、卫生间距的要求; 2. 应符合各种管线、管廊、运输线路及设施、竖向设计、绿化的布置要求; 3. 应符合施工、安装及检修的要求	《化工企业总图运输设计规范》第5.1.6条		
17	企业内道路的布置,应符合下列要求: 1. 应满足生产、运输、安装、检修、消防安全和施工的要求; 2. 应有利于功能分区和街区的划分; 3. 道路的走向宜与区内主要建筑物、构筑物轴线平行或垂直,并应呈环行布置; 4. 应与竖向设计相协调,应有利于场地及道路的雨水排除; 5. 与厂外道路应连接方便、短捷; 6. 洁净厂房周围宜设置环形消防车道,环形消防车道可利用交通道路设置,有困难时,可沿厂房的两个长边设置消防车道; 7. 液化烃、可燃液体、可燃气体的罐区内,任何储罐中心至消防车道的距离应符合现行国家标准《石油化工企业设计防火规范》(GB 50160)的有关规定; 8. 施工道路应与永久性道路相结合。	《工业企业总平面设计规范》第6.4.1条		
18	石油化工企业总平面布置的防火间距不应小于表4.2.12的规定	《石油化工企业设计防火规范》第4.2.12条		

表4　建构筑物单元安全检查表

序号	检查内容	检查依据	现场实际情况	检查结果
1	厂房和仓库的耐火等级可分为一、二、三、四级,相应建筑构件的燃烧性能和耐火极限,除本规范另有规定外,不应低于表3.2.1的规定	《建筑设计防火规范》第3.2.1条。		
2	除本规范另有规定外,厂房的层数和每个防火分区的最大允许建筑面积应符合表3.3.1的规定	《建筑设计防火规范》第3.3.1条。		
3	甲、乙类生产场所(仓库)不应设置在地下或半地下	《建筑设计防火规范》第3.3.4条		
4	员工宿舍严禁设置在厂房内。 办公室、休息室等不应设置在甲、乙类厂房内,确需贴邻本厂房时,其耐火等级不应低于二级,并应采用耐火极限不低于3.00h的防爆墙与厂房分隔和设置独立的安全出口。 办公室、休息室设置在丙类厂房内时,应采用耐火极限不低于2.50h的防火隔墙和1.00h的楼板与其他部位分隔,并应至少设置1个独立的安全出口。如隔墙上需开设相互连通的门时,应采用乙级防火门	《建筑设计防火规范》第3.3.5条		
5	有爆炸危险的甲、乙类厂房宜独立设置,并宜采用敞开或半敞开式。其承重结构宜采用钢筋混凝土或钢框架、排架结构	《建筑设计防火规范》第3.6.1条		

续表

序号	检查内容	检查依据	现场实际情况	检查结果
6	有爆炸危险的厂房或厂房内有爆炸危险的部位应设置泄压设施	《建筑设计防火规范》第3.6.2条		
7	有爆炸危险的甲、乙类厂房的总控制室应独立设置	《建筑设计防火规范》第3.6.8条		
8	厂房的安全出口应分散布置。每个防火分区或一个防火分区的每个楼层，其相邻2个安全出口最近边缘之间的水平距离不应小于5m	《建筑设计防火规范》第3.7.1条		
9	厂房内的疏散楼梯、走道、门的各自总净宽度应根据疏散人数经计算确定。但疏散楼梯的最小净宽度不宜小于1.1m，疏散走道的最小净宽度不宜小于1.4m，门的最小净宽度不宜小于0.9m。当每层人数不相等时，疏散楼梯的总净宽度应分层计算，下层楼梯的总净宽度应按该层或该层以上人数最多的一层计算	《建筑设计防火规范》第3.7.5条		
10	装置的控制室、机柜间、变配电所、化验室、办公室等不得与设有甲、乙A类设备的房间布置在同一建筑物内。装置的控制室与其他建筑物合建时，应设置独立的防火分区	《石油化工企业设计防火规范》第5.2.16条		
11	建筑物的安全疏散门应向外开启。甲、乙、丙类房间的安全疏散门，不应小于2个；面积小于等于100m²的房间可只设1个	《石油化工企业设计防火规范》第5.2.25条		
12	可燃气体压缩机的布置及其厂房的设计应符合下列规定： 1. 可燃气体压缩机宜布置在敞开或半敞开式厂房内； 2. 单机驱动功率等于或大于150kW的甲类气体压缩机厂房不宜与其他甲、乙和丙类房间共用一座建筑物； 3. 比空气轻的可燃气体压缩机半敞开式或封闭式厂房的顶部应采取通风措施； 4. 比空气轻的可燃气体压缩机厂房的楼板宜部分采用钢格板	《石油化工企业设计防火规范》第5.3.1条		
13	地震烈度为6度及以上的建筑物应做抗震设防，抗震设防应按《建筑抗震设计规范》(GB 50011—2010)执行	《建筑抗震设计规范》第1.0.2条		

表5　生产装置单元安全检查表

序号	检查内容	检查依据	现场实际情况	检查结果
1	不得采用国家明令淘汰、禁止使用和危及安全生产的工艺、设备；新开发的危险化学品生产工艺必须在小试、中试、工业化试验的基础上逐步放大到工业化生产；国内首次使用的化工工艺，必须经过省级人民政府有关部门组织的安全可靠性论证	《危险化学品生产企业安全生产许可证实施办法》第九条(2) 《产业结构调整指导目录(2011年本)(2013修正)》		
2	对产生尘毒危害较大的工艺、作业和施工过程，应采取密闭、负压等综合措施	《生产过程安全卫生要求总则》第5.3.1条		
3	设备、管线，应按有关标准的规定涂识别色。管线的标识应符合《工业管道的基本识别色、识别符号和安全标识》规定：水艳绿，水蒸气大红，空气淡灰色，氧气淡蓝色	《生产过程安全卫生要求总则》第6.8.4条		

序号	检查内容	检查依据	现场实际情况	检查结果
4	作业区的布置应保证人员有足够的安全活动空间。设备、工机具、辅助设施的布置,生产物料、产品和剩余物料的堆放,人行道、车行道的布置和间隔距离,都不应妨碍人员工作和造成危害	《生产过程安全卫生要求总则》第5.7.5条a款		
5	工艺装置内露天布置的塔、容器等,当顶板厚度等于或大于4mm时,可不设避雷针、线保护,但必须设防雷接地	《石油化工企业设计防火规范》第9.2.2条		
6	甲、乙、丙类的设备应有事故紧急排放设施,并应符合下列规定: 1. 对液化烃或可燃液体设备,应能将设备内的液化烃或可燃液体排放至安全地点,剩余的液化烃应排入火炬; 2. 对可燃气体设备,应能将设备内的可燃气体排入火炬或安全放空系统	《石油化工企业设计防火规范》第5.5.7条		
7	对超过正常范围会产生严重危害的工艺变量,应设相应的报警、联锁等设施	《石油化工企业职业安全卫生设计规范》第2.2.9条		
8	操作人员进行操作、维护、调节、检查的工作位置,距坠落基准面高差超过2m,且有坠落危险的场所,应配置供站立的平台和防坠落的栏杆、安全盖板、防护板等	《石油化工企业职业安全卫生设计规范》第2.5.1条		
9	生产场所与作业地点的紧急通道和紧急出入口均应设置明显的标志和指示箭头	《石油化工企业职业安全卫生设计规范》第2.6.4条		
10	重点监控工艺参数:加氢反应釜或催化剂床层温度、压力;加氢反应釜内搅拌速率;氢气流量;反应物质的配料比;系统氧含量;冷却水流量;氢气压缩机运行参数、加氢反应尾气组成等	《国家安全监管总局关于公布首批重点监管的危险化工工艺目录的通知》第八项"加氢工艺"		
11	安全控制的基本要求:温度和压力的报警和联锁;反应物料的比例控制和联锁系统;紧急冷却系统;搅拌的稳定控制系统;氢气紧急切断系统;加装安全阀、爆破片等安全设施;循环氢压缩机停机报警和联锁;氢气检测报警装置等	《国家安全监管总局关于公布首批重点监管的危险化工工艺目录的通知》第八项"加氢工艺"		
12	宜采用的控制方式:将加氢反应釜内温度、压力与釜内搅拌电流、氢气流量、加氢反应釜夹套冷却水进水阀形成联锁关系,设立紧急停车系统。加入急冷氮气或氢气的系统。当加氢反应釜内温度或压力超标或搅拌系统发生故障时自动停止加氢,泄压,并进入紧急状态。安全泄放系统	《国家安全监管总局关于公布首批重点监管的危险化工工艺目录的通知》第八项"加氢工艺"		
13	在生产或使用可燃气体及有毒气体的工艺装置和储运设施(包括甲类气体和液化烃、甲B、乙A类液体的储罐区、装卸设施、灌装站等)的区域内,对可能发生可燃气体和/或有毒气体的泄漏进行监测时,应按下列规定设置可燃气体检(探)测器和有毒气体检(探)测器。 1. 可燃气体或其中含有毒气体泄漏时,可燃气体浓度可能达到25%LEL,但有毒气体不能达到最高容许浓度时,应设置可燃气体检(探)测器; 2. 有毒气体或其中含有可燃气体泄漏时,有毒气体浓度可能达到最高容许浓度,但可燃气体浓度不能达到25%LEL时,应设置有毒气体检(探)测器; 3. 可燃气体与有毒气体同时存在的场所,可燃气体浓度可能达到25%LEL,有毒气体的浓度也可能达到最高容许浓度时,应分别设置可燃气体和有毒气体检(探)测器; 4. 同一种气体,既属可燃气体又属有毒气体时,应只设置有毒气体检(探)测器	《石油化工企业可燃气体和有毒气体检测报警设计规范》第3.0.1条		

序号	检查内容	检查依据	现场实际情况	检查结果
14	报警信号应发送至操作人员常驻的控制室、现场操作室等进行报警	《石油化工企业可燃气体和有毒气体检测报警设计规范》第3.0.4条		
15	可燃气体和有毒气体检测报警系统宜独立设置	《石油化工企业可燃气体和有毒气体检测报警设计规范》第3.0.9条		
16	根据生产装置或生产场所的工艺介质的易燃易爆特性及毒性,应配备便携式可燃和/或有毒气体检测报警器	《石油化工企业可燃气体和有毒气体检测报警设计规范》第3.0.10条		
17	检(探)测器防爆类型的选用,应按《爆炸和火灾危险环境电力装置设计规范》(GB 50058)的要求,根据使用场所爆炸危险区域的划分以及被检测气体的性质,选择检(探)测器的防爆类型和级别	《石油化工企业可燃气体和有毒气体检测报警设计规范》第5.2.3条		
18	防爆电气设备应有"EX"标志和标明防爆电气设备的类型、级别、组别的标志的铭牌,并在铭牌上标明防爆合格证号	《电气装置安装工程爆炸和火灾危险环境电气装置施工及验收规范》第3.0.10条		
19	危险区域划分与电气设备保护级别应符合表5.2.2-1的要求	《爆炸危险环境电力装置设计规范》第5.2.2条		
20	导管系统中下列各处应设置与电气设备防爆形式相当的防爆挠性连接管。 1. 电动机的进线口; 2. 导管与电器设备连接有困难处	《危险场所电气防爆安全规范》第6.1.1.3.10条		
21	当防爆仪表和电气设备引入电缆时,应采用防爆密封圈或用密封填料进行封固,外壳上多余的孔应做防爆密封,弹性密封圈的一个孔应密封一根电缆	《自动化仪表工程施工及质量验收规范》第10.1.3条		
22	建筑物应根据其重要性、使用性质、发生雷电事故的可能性和后果,按防雷要求分为三类	《建筑防雷设计规范》第3.0.1条		
23	火灾光警器应设置在每个楼层的楼梯口、消防电梯前室、建筑内部拐角等处的明技部位,且不宜与安全出口指示标志灯具设置在同一面墙上	《火灾自动报警系统设计规范》第6.5.1条		
24	应急照明的供电应符合下列规定: 1. 疏散照明的应急电源宜采用蓄电池(或干电池)装置,或蓄电池(或干电池)与供电系统中有效地独立于正常照明电源的专用馈电线路的组合,或采用蓄电池(或干电池)装置与自备发电机组组合的方式; 2. 安全照明的应急电源应和该场所的供电线路分别接自不同变压器或不同馈电干线,必要时可采用蓄电池组供电; 3. 备用照明的应急电源宜采用供电系统中有效地独立于正常照明电源的专用馈电线路或自备发电机组	《建筑照明设计标准》第7.2.2条		
25	生产经营单位应当在有较大危险因素的生产经营场所和有关设施、设备上,设置明显的安全警示标志	《中华人民共和国安全生产法》第32条		
26	具有易燃、易爆特点的工艺生产装置、设备、管道,在满足生产要求的条件下,宜集中联合布置,并采用露天、敞开或半敞开式的建(构)筑物	《化工企业安全卫生设计规范》第4.1.2条		

序号	检查内容	检查依据	现场实际情况	检查结果
27	有火灾爆炸危险场所的建(构)筑物的结构形式以及选用的材料,应符合现行国家标准《建筑设计防火规范》(GB 50016)中的防火防爆规定	《化工企业安全卫生设计规范》第4.1.6条		
28	危险性的作业场所,应设计安全通道和出口,门窗应向外开启,通道和出入口应保持畅通	《化工企业安全卫生设计规范》第4.1.12条		
29	化工生产装置区内应按照现行国家标准《爆炸危险环境电力装置设计规范》(GB 50058)的要求划分爆炸危险区域,并设计和选用相应的仪表、电气设备	《化工企业安全卫生设计规范》第4.1.8条		
30	可燃、有毒气体检测报警系统的设计应按国家现行标准《石油化工企业可燃气体和有毒气体检测报警设计规范》GB 50493 的规定执行。对可燃气体、有毒气体和粉尘泄漏的封闭作业场所应设计良好的通风系统	《化工企业安全卫生设计规范》第4.1.5条		
31	化工装置、设备、设施、储罐以及建(构)筑物的防雷设计应符合现行国家标准《建筑物防雷设计规范》(GB 50057)和《石油化工装置防雷设计规范》(GB 50650)等的有关规定	《化工企业安全卫生设计规范》第4.3.1条		
32	化工装置在爆炸、火灾危险场所内可能产生静电危险的金属设备、管道等应设置静电接地,不允许设备及设备内部件有与地相绝缘的金属体。非导体设备、管道等应采用间接接地或静电屏蔽方法,屏蔽体应可靠接地	《化工企业安全卫生设计规范》第4.2.4条		
33	输送可燃性物料并有可能产生火焰蔓延的放空管和管道间应设置阻火器、水封等阻火设施	《化工企业安全卫生设计规范》第4.1.11条		
34	化工生产装置的水消防设计应根据设备布置、厂房面积以及火灾危险程度设计相应的消防供水竖管、冷却喷淋、消防水幕、带架水枪等消防设施	《化工企业安全卫生设计规范》第4.1.13.3条		
35	化工生产装置区、储罐区、仓库除应设置固定式、半固定式灭火设施外,还应配置小型灭火器材	《化工企业安全卫生设计规范》第4.1.13.5条		
36	高速旋转或往复运动的机械零部件位置应设计可靠的防护设施、挡板或安全围栏	《化工企业安全卫生设计规范》第4.6.2条		
37	在高噪声作业区工作的操作人员应配备必要的个人噪声防护用具,必要时应设置隔音操作室	《化工企业安全卫生设计规范》第5.3.6条		
38	具有火灾爆炸、毒尘危害和人身危害的作业区以及企业的供配电站、供水泵房、消防站、气防站、救护站、电话站等公用设施,应设计事故状态时能延续工作的事故照明	《化工企业安全卫生设计规范》第5.5.3条		
39	在有毒、有害的化工生产区域,应设置风向标	《化工企业安全卫生设计规范》第6.2.3条		
40	化工装置内的各种散发热量的炉窑、设备和管道应采取有效的隔热措施	《化工企业安全卫生设计规范》第5.2.2条		
41	重点化工生产装置、控制室、变配电站、易燃物质仓库、油库应设置火灾自动报警	《化工企业安全卫生设计规范》第4.1.13.6条		
42	连续操作的可燃气体管道的低点应设两道排液阀,排出的液体应排放至密闭系统;仅在开停工时使用的排液阀,可设一道阀门并加丝堵、管帽、盲板或法兰盖	《石油化工企业设计防火规范》第7.2.8条		

表6   原料和成品罐区及装卸车站台单元安全检查表

序号	检查内容	检查依据	现场实际情况	检查结果
1	可燃气体、助燃气体、液化烃和可燃液体的储罐基础、防火堤、隔堤及管架(墩)等,均应采用不燃烧材料。防火堤的耐火极限不得小于3h	《石油化工企业设计防火规范》第6.1.1条		
2	储存甲B、乙A类的液体应选用金属浮舱的浮顶或内浮顶罐。对于有特殊要求的物料,可选用其他型式的储罐	《石油化工企业设计防火规范》第6.2.2条		
3	罐组的专用泵区应布置在防火堤外,与储罐的防火间距应符合下列规定: 1. 距甲A类储罐不应小于15m; 2. 距甲B、乙类固定顶储罐不应小于12m,距小于或等于500m³的甲B、乙类固定顶不应小于10m; 3. 距浮顶及内浮顶罐、丙A类固定顶储罐不应小于8m	《石油化工企业设计防火规范》第5.3.5条		
4	可燃液体罐组内相邻可燃液体地上储罐的防火间距不应小于: 1. 0.4D(浮顶、内浮顶罐); 2. 0.6D(固定顶罐)	《石油化工企业设计防火规范》第6.2.8条		
5	可燃液体立式储罐防火堤的高度应为计算高度加0.2m,且不宜高于2.2m(以堤外3m范围内设计地坪高度为准)	《石油化工企业设计防火规范》第6.2.17条第2款		
6	在防火堤的不同方位上应设置人行台阶或坡道,同一方位上两相邻人行台阶或坡道之间距离不宜大于60m	《石油化工企业设计防火规范》第6.2.17条第6款		
7	可燃液体的汽车装卸站的进、出口宜分开设置;当进、出口合用时,站内应设回车场	《石油化工企业设计防火规范》第6.4.2条第1款		
8	可燃液体的装卸车场应采用现浇混凝土地面	《石油化工企业设计防火规范》第6.4.2条第2款		
9	甲B、乙A类液体装卸车鹤位与集中布置的泵的距离不应小于8m	《石油化工企业设计防火规范》第6.4.2条第4款		
10	装卸车鹤位之间的距离不应小于4m	《石油化工企业设计防火规范》第6.4.2条第8款		
11	汽车罐车、铁路罐车和装卸栈台应设静电专用接地线	《石油化工企业设计防火规范》第9.3.15条		
12	可燃气体、液化烃、可燃液体的钢罐必须设防雷接地,并应符合下列规定: 1. 甲B、乙类可燃液体地上固定顶罐,当顶板厚度小于4mm时应装设避雷针、线,其保护范围应包括整个储罐; 2. 丙类液体储罐可不设置避雷针、线,但应设防感应雷接地; 3. 压力储罐不设避雷针、线,但应作接地	《石油化工企业设计防火规范》第9.2.3条		
13	生产经营单位应当在有较大危险因素的生产经营场所和有关设施、设备上,设置明显的安全警示标志	《中华人民共和国安全生产法》第32条		
14	从事危险化学品道路运输、水路运输的,应当分别依照有关道路运输、水路运输的法律、行政法规的规定,取得危险货物道路运输许可、危险货物水路运输许可,并向工商行政管理部门办理登记手续	《危险化学品安全管理条例》第43条		

序号	检查内容	检查依据	现场实际情况	检查结果
15	危险化学品单位应当根据构成重大危险源的危险化学品种类、数量、生产、使用工艺(方式)或者相关设备、设施等实际情况,按照下列要求建立健全安全监测监控体系,完善控制措施: 　1. 重大危险源配备温度、压力、液位、流量、组分等信息的不间断采集和监测系统以及可燃气体和有毒有害气体泄漏检测报警装置,并具备信息远传、连续记录、事故预警、信息存储等功能;一级或者二级重大危险源,具备紧急停车功能。记录的电子数据的保存时间不少于30天; 　2. 重大危险源的化工生产装置装备满足安全生产要求的自动化控制系统;一级或者二级重大危险源,装备紧急停车系统; 　3. 对重大危险源中的毒性气体、剧毒液体和易燃气体等重点设施,设置紧急切断装置;毒性气体的设施,设置泄漏物紧急处置装置。涉及毒性气体、液化气体、剧毒液体的一级或者二级重大危险源,配备独立的安全仪表系统(SIS); 　4. 重大危险源中储存剧毒物质的场所或者设施,设置视频监控系统; 　5. 安全监测监控系统符合国家标准或者行业标准的规定	《危险化学品重大危险源监督管理暂行规定》第13条		
16	危险化学品单位应当在重大危险源所在场所设置明显的安全警示标志,写明紧急情况下的应急处置办法	《危险化学品重大危险源监督管理暂行规定》第18条		
17	防爆电气设备应有"EX"标志和标明防爆电气设备的类型、级别、组别的标志的铭牌,并在铭牌上标明防爆合格证号	《电气装置安装工程爆炸和火灾危险环境电气装置施工及验收规范》第3.0.10条		
18	设备、管线应按有关标准的规定涂识别色、识别符号和安全标识	《生产过程安全卫生要求总则》第6.8.4条		
19	危险区域划分与电气设备保护级别应符合表5.2.2-1的要求	《爆炸危险环境电力装置设计规范》第5.2.2条		
20	当防爆仪表和电气设备引入电缆时,应采用防爆密封圈或用密封填料进行封固,外壳上多余的孔应做防爆密封,弹性密封圈的一个孔应密封一根电缆	《自动化仪表工程施工及质量验收规范》第10.1.3条		
21	在生产或使用可燃气体及有毒气体的工艺装置和储运设施(包括甲类气体和液化烃、甲B、乙A类液体的储罐区、装卸设施、灌装站等)的区域内,对可能发生可燃气体和/或有毒气体的泄漏进行监测时,应按下列规定设置可燃气体检(探)测器和有毒气体检(探)测器。 　1. 可燃气体或其中含有毒气体泄漏时,可燃气体浓度可能达到25%LEL,但有毒气体不能达到最高容许浓度时,应设置可燃气体检(探)测器; 　2. 有毒气体或其中含可燃气体泄漏时,有毒气体浓度可能达到最高容许浓度,但可燃气体浓度不能达到25%LEL时,应设置有毒气体检(探)测器; 　3. 可燃气体与有毒气体同时存在的场所,可燃气体浓度可能达到25%LEL,有毒气体的浓度也可能达到最高容许浓度时,应分别设置可燃气体和有毒气体检(探)测器; 　4. 同一种气体,既属可燃气体又有毒气体时,应只设置有毒气体检(探)测器	《石油化工企业可燃气体和有毒气体检测报警设计规范》第3.0.1条		

序号	检查内容	检查依据	现场实际情况	检查结果
22	报警信号应发送至操作人员常驻的控制室、现场操作室等进行报警	《石油化工企业可燃气体和有毒气体检测报警设计规范》第3.0.4条		
23	可燃气体和有毒气体检测报警系统宜独立设置	《石油化工企业可燃气体和有毒气体检测报警设计规范》第3.0.9条		
24	建筑物应根据其重要性、使用性质、发生雷电事故的可能性和后果,按防雷要求分为三类	《建筑防雷设计规范》第3.0.1条		
25	操作人员进行操作、维护、调节、检查的工作位置,距坠落基准面高差超过2m,且有坠落危险的场所,应配置供站立的平台和防坠落的栏杆、安全盖板、防护板等	《石油化工企业职业安全卫生设计规范》第2.5.1条		
26	火灾光警报器应设置在每个楼层的楼梯口、消防电梯前室、建筑内部拐角等处的明显部位,且不宜与安全出口指示标志灯具设置在同一面墙上	《火灾自动报警系统设计规范》第6.5.1条		
27	防火堤、防护墙应采用不燃烧材料建造,且必须密实、闭合、不泄漏	《储罐区防火堤设计规范》第3.1.2条		
28	当油罐泄漏物有可能污染地下水或附近环境时,堤内地面应采取防渗漏措施	《储罐区防火堤设计规范》第3.2.8条		
29	具有火灾爆炸危险的工艺设备、储罐和管道,应根据介质特点,选用氮气、二氧化碳、水等介质置换及保护系统	《化工企业安全卫生设计规范》第4.1.7条		
30	具有易燃、易爆特点的工艺生产装置、设备、管道,在满足生产要求的条件下,宜集中联合布置,并采用露天、敞开或半敞开式的建(构)筑物	《化工企业安全卫生设计规范》第4.1.2条		
31	可燃、有毒气体检测报警系统的设计应按国家现行标准《石油化工企业可燃气体和有毒气体检测报警设计规范》(GB 50493)的规定执行。对可燃气体、有毒气体和粉尘泄漏的封闭作业场所应设计良好的通风系统	《化工企业安全卫生设计规范》第4.1.5条		
32	化工生产装置区内应按照现行国家标准《爆炸危险环境电力装置设计规范》(GB 50058)的要求划分爆炸危险区域,并设计和选用相应的仪表、电气设备	《化工企业安全卫生设计规范》第4.1.8条		
33	有火灾爆炸危险场所的建(构)筑物的结构形式以及选用的材料,应符合现行国家标准《建筑设计防火规范》(GB 50016)中的防火防爆规定	《化工企业安全卫生设计规范》第4.1.6条		
34	化工装置、设备、设施、储罐以及建(构)筑物的防雷设计应符合现行国家标准《建筑物防雷设计规范》(GB 50057)和《石油化工装置防雷设计规范》(GB 50650)等的有关规定	《化工企业安全卫生设计规范》第4.3.1条		
35	化工装置在爆炸、火灾危险场所内可能产生静电危险的金属设备、管道等应设置静电接地,不允许设备及设备内部件有与地相绝缘的金属体。非导体设备、管道等应采用间接接地或静电屏蔽方法,屏蔽体应可靠接地	《化工企业安全卫生设计规范》第4.2.4条		
36	输送可燃性物料并有可能产生火焰蔓延的放空管和管道间应设置阻火器,水封等阻火设施	《化工企业安全卫生设计规范》第4.1.11条		
37	化工生产装置区、储罐区、仓库除应设置固定式、半固定式灭火设施外,还应配置小型灭火器材	《化工企业安全卫生设计规范》第4.1.13.5条		
38	高速旋转或往复运动的机械零部件位置应设计可靠的防护设施、挡板或安全围栏	《化工企业安全卫生设计规范》第4.6.2条		

表 7　供配电系统单元安全检查表

序号	检查内容	检查依据	现场实际情况	检查结果
1	变、配电站不应设置在甲、乙类厂房或贴邻,且不应设置在有爆炸气体、粉尘环境的危险区域内。供甲、乙类厂房专用的 10kV 及以下的变、配电室,当采用无门、窗、洞口的防火墙分隔时,可一面贴邻,并应符合现行国家标准《爆炸危险环境电力装置设计规范》(GB 50058)等规范的有关规定。 　乙类厂房的配电站确需在防火墙上开窗时,应采用甲级防火窗	《建筑设计防火规范》第3.3.8条		
2	电力负荷应根据对供电可靠性的要求及中断供电在对人身安全、经济损失上所造成的影响程度进行分级,并应符合下列规定: 　1. 符合下列情况之一时,应视为一级负荷: 　(1)中断供电将造成人身伤亡时。 　(2)中断供电将在经济上造成重大损失时。 　(3)中断供电将影响重要用电单位的正常工作。 　2. 在一级负荷中,当中断供电将造成重大设备损坏或发生中毒、爆炸和火灾等情况的负荷,以及特别重要场所的不允许中断供电的负荷,视为一级负荷中特别重要的负荷。 　3. 符合下列情况之一时,应视为二级负荷 　(1)中断供电将在经济上造成较大损失时。 　(2)中断供电将影响较重要用电单位的正常工作。 　4. 不属于一级和二级负荷者应为三级负荷	《供配电系统设计规范》第3.0.1条		
3	一级负荷中特别重要的负荷供电,应符合下列要求: 　1. 除应由双重电源供电外,尚应增设应急电源,并不得将其他负荷接入应急供电系统。 　2. 设备的供电电源的切换时间,应满足设备允许中断供电的要求	《供配电系统设计规范》第3.0.3条		
4	二级负荷的供电系统,宜由两回线路供电。在负荷较小或地区供电条件困难时,二级负荷可由一回路 6kV 及以上专用的架空线路供电	《供配电系统设计规范》第3.0.7条		
5	配电装置各回路的相序排列宜一致。可按面对出线,自左至右、由远而近、从上到下的顺序,相序排列为A、B、C。对屋内硬导体及屋外母线桥应有相色标志,A、B、C 相色标志应分别为黄、绿、红三色	《3～110kV 高压配电装置设计规范》第2.0.2条		
6	屋内、屋外配电装置的隔离开关与相应的断路器和接地刀闸之间应装设闭锁装置。屋内配电装置设备低式布置时,还应设置防止误入带电间隔的闭锁装置	《3～110kV 高压配电装置设计规范》第2.0.10条		
7	配电装置的布置和导体、电器、构架的选择,应符合正常运行、检修、短路和过电压等情况的要求	《10kV 及以下变电所设计规范》第3.1.1条		
8	选用电器的最高工作电压不得低于所在系统的系统最高运行电压值,电压值的选取应符合现行国家标准《标准电压》(GB 156)的有关规定	《3～110kV 高压配电装置设计规范》第4.1.1条		
9	选用导体的长期允许电流不得小于该回路的持续工作电流。屋外导体应计其日用对载流量的影响。长期工作制电器,在选择其额定电流时,应满足各种可能运行方式下回路持续工作电流的要求	《3～110kV 高压配电装置设计规范》第4.1.2条		
10	屋外配电装置裸露的带电部分的上面和下面,不应有照明、通信和信号线路架空跨越或穿过;屋内配电装置裸露的带电部分上面不应有明敷的照明、动力线路或管线跨越	《3～110kV 高压配电装置设计规范》第5.1.7条		

续表

序号	检查内容	检查依据	现场实际情况	检查结果
11	屋内单台电气设备的油量在 100kg 以上时,应设置储油设施或挡油设施。挡油设施的容积应按容纳 20% 油量设计,并应有将事故油排至安全处的设施;当不能满足上述要求时,应设置能容纳 100% 油量的储油设施。排油管的内径不应小于 150m,管口应加装铁栅滤网	《3～110kV 高压配电装置设计规范》第 5.5.2 条		
12	长度大于 7000mm 的配电装置室,应设置 2 个出口。长度大于 60000mm 的配电装置室,宜设置 3 个出口;当配电装置室有楼层时,一个出口可设置在通往屋外楼梯的平台处	《3～110kV 高压配电装置设计规范》第 7.1.1 条		
13	配电装置室的门应设置向外开启的防火门,并应装弹簧锁,严禁采用门闩;相邻配电装置室之间有门时,应能双向开启	《3～110kV 高压配电装置设计规范》第 7.1.4 条		
14	配电装置室应按事故排烟要求装设事故通风装置	《3～110kV 高压配电装置设计规范》第 7.1.8 条		
15	配电装置屋内通道应保证畅通无阻,不得设立门槛,不应有与配电装置无关的管道通过	《3～110kV 高压配电装置设计规范》第 7.1.9 条		
16	屋内配电装置采用金属封闭开关设备时,屋内各种通道的最小宽度(净距),宜符合:设备单列布置时维护通道 0.8m,操作通道(固定式) 1.5m;设备双列布置时维护通道 1m,操作通道(固定式)2m	《3～110kV 高压配电装置设计规范》第 5.4.4 条		
17	户内变电所每台油量大于或等于 100kg 的油浸三相变压器,应设在单独的变压器室内,并有储油或挡油、排油等防火设施	《20kV 及以下变电所设计规范》第 4.1.3 条		
18	变压器室、配电室、电容器室等应设置防止雨、雪和蛇、鼠类小动物从采光窗、通风窗、门、电缆沟等进入室内的设施	《20kV 及以下变电所设计规范》第 6.2.4 条		
19	配电室、电容器室和各辅助房间的内墙表面应抹灰刷白。地(楼)面宜采用高标号水泥抹面压光。配电室、变压器室、电容器室的顶棚以及变压器室的内墙面应刷白	《20kV 及以下变电所设计规范》第 6.2.5 条		
20	重要的控制室、计算中心、技术档案室、配间、贵重设备和仪器室等,应备有火灾自动报警装置,必要时设置自动灭火系统	《生产过程安全卫生要求总则》第 6.3.6 条		
21	在采暖地区,控制室和值班室应设采暖装置。在严寒地区,当配电室内温度影响电气设备元件和仪表正常运行时,应设采暖装置。控制室和配电室内的采暖装置,宜采用钢管焊接,且不应有法兰、螺纹接头和阀门等	《20kV 及以下变电所设计规范》第 6.3.5 条		
22	高、低压配电室、变压器室、电容器室、控制室内,不应有与其无关的管道和线路通过	《20kV 及以下变电所设计规范》第 6.4.1 条		
23	任何用电产品在运行过程中,应有必要的监控或监视措施;用电产品不允许超负荷运行	《用电安全导则》第 6.4 条		
24	一般环境下,用电产品以及电气线路的周围应留有足够的安全通道和工作空间,且不应堆放易燃、易爆和腐蚀性物品	《用电安全导则》第 6.5 条		
25	保护接地的措施和接地电阻应符合相关产品标准	《用电安全导则》第 6.14 条		
26	在可燃、助燃、易燃易爆物体的储存、生产、使用等场所或区域内使用的用电产品,其阻燃或防爆等级要求应符合特殊场所的标准规定	《用电安全导则》第 8.4 条		

续表

序号	检查内容	检查依据	现场实际情况	检查结果
27	用电单位除应遵守本标准的规定外,还应根据具体情况建立、完善并严格执行相应的用电安全规程及岗位责任制	《用电安全导则》第10.1条		
28	消防水泵房及其配电室应设消防应急照明,照明可采用蓄电池作备用电源,其连续供电时间不应少于30min	《石油化工企业设计防火规范》第9.1.2条		
29	电缆通入变配电所、控制室的墙洞处,应填实密闭	《石油化工企业设计防火规范》第9.1.4条		
30	在可能散发比空气重的甲类气体装置内的电缆应采用阻燃型,并宜架空敷设	《石油化工企业设计防火规范》第9.1.6条		
31	敷设电气线路的沟道、电缆桥架和导管,所穿过的不同区域之间墙或楼板处的孔洞,应采用非燃性材料严密堵塞	《爆炸和火灾危险环境电力装置设计规范》第5.4.3条第二款		
32	从事电气作业的特种作业人员应经专门的安全作业培训,在取得相应特种作业操作资格证书后,方可上岗	《用电安全导则》第10.4条		
33	配电线路的敷设环境,应符合下列规定: 1. 应避免由外部热源产生热效应的影响; 2. 应防止在使用过程中因水的侵入或因进入固体物而带来的损害; 3. 应防止外部的机械性损害; 4. 在有大量灰尘的场所,应避免由于灰尘聚集在布线上所带来的影响; 5. 应避免由于强烈日光辐射而带来的损害; 6. 应避免腐蚀或污染物存在的场所对布线系统带来的损害; 7. 应避免有植物和(或)霉菌衍生存在的场所对布线系统带来的损害; 8. 应避免有动物的情况对布线系统带来的损害	《低压配电设计规范》第7.1.2条		

表8　空压站单元安全检查表

序号	检查内容	检查依据	现场实际情况	检查结果
1	压缩空气站的朝向,宜使机器间有良好的自然通风,并宜减少日晒	《压缩空气站设计规范》第2.0.2条		
2	压缩空气站宜为独立建筑物。当与其他建筑物毗连或设在其内时,宜用墙隔开	《压缩空气站设计规范》第2.0.3条		
3	空气压缩机的吸气系统应设置吸气过滤器或吸气过滤装置	《压缩空气站设计规范》第3.0.3条		
4	空气压缩机组的联轴器和皮带传动装置部分,必须装设安全防护设施	《压缩空气站设计规范》第4.0.14条		
5	压缩空气站内的地沟,应能排除积水,并应铺设盖板	《压缩空气站设计规范》第4.0.18条		
6	隔声值班室或控制室、配气台间宜设置观察窗	《压缩空气站设计规范》第5.0.6条		
7	空气压缩机组的排水管上,必须装设流量控制器或水流观察装置	《压缩空气站设计规范》第7.0.6条		
8	压缩空气站的冷却水应循环使用	《压缩空气站设计规范》第7.0.2条		
9	压缩空气站机器间的采暖温度,不宜低于16℃;非工作时间的值班采暖温度,不宜低于5℃	《压缩空气站设计规范》第8.0.1条		
10	对压缩空气负荷波动或要求供气压力稳定的用户,宜就近设置储气罐或其他稳压装置	《压缩空气站设计规范》第9.0.12条		
11	储气罐上必须装设安全阀。储气罐与供气总管之间应装设切断阀	《压缩空气站设计规范》第3.0.14条		

表9　火炬系统单元安全检查表

序号	检查内容	检查依据	现场实际情况	检查结果
1	甲、乙、丙类的设备应有事故紧急排放设施,并应符合下列规定: 1. 对液化烃或可燃液体设备,应能将设备内的液化烃或可燃液体排放至安全地点,剩余的液化烃应排入火炬; 2. 对可燃气体设备,应能将设备内的可燃气体排入火炬或安全放空系统	《石油化工企业防火设计规范》第5.5.7条		
2	可燃气体放空管道在接入火炬前,应设置分液或阻火等设备	《石油化工企业防火设计规范》第5.5.16条		
3	可燃气体放空管道内的凝结液应密闭回收,不得随地排放	《石油化工企业防火设计规范》第5.5.17条		
4	火炬应设长明灯和可靠的点火系统	《石油化工企业防火设计规范》第5.5.20条		
5	火炬设施的附属设备可靠近火炬布置	《石油化工企业防火设计规范》第5.5.23条		

表10　给排水系统单元安全检查表

序号	检查内容	检查依据	现场实际情况	检查结果
1	循环冷却水不应作直流水使用	《工业循环冷却水处理设计规范》第3.2.7条		
2	循环水场的布置宜避开工厂的下风向,并应远离煤场、锅炉、高炉等场所,冷却塔周围地面应铺砌或植被	《工业循环冷却水处理设计规范》第3.2.8条		
3	管道系统的低点宜设泄水阀,高点宜设排气阀	《工业循环冷却水处理设计规范》第3.2.9条		
4	冷却塔水池出水口或循环冷却水泵吸水池前应设置便于清洗的拦污滤网,拦污滤网宜设两道	《工业循环冷却水处理设计规范》第3.2.11条		
4	根据防护栏杆适用场合及环境条件,应对其进行合适的防锈及防腐涂装	《固定式钢梯及平台安全要求 第3部分:工业防护栏杆及钢平台》第4.6.2条		
5	距下方相邻地板或地面1.2m及以上的平台、通道或工作面的所有敞开边缘应设防护栏杆	《固定式钢梯及平台安全要求 第3部分:工业防护栏杆及钢平台》第4.1.1条		
6	作业区的布置应保证人员有足够的安全活动空间。设备、工机具、辅助设施的布置,生产物料、产品和剩余物料的堆放,人行道、车行道的布置和间隔距离,都不应妨碍人员工作和造成危害	《生产过程安全卫生要求总则》第5.7.5条a款		

表11　自动控制系统单元安全检查表

序号	检查内容	检查依据	现场实际情况	检查结果
1	控制室应设置应急照明系统,并应符合以下规定: 1. 应急电源应在正常供电中断时,可靠供电20~30min; 2. 操作室中操作站工作面的照度标准值不应低于100lx; 3. 其他区域照度标准值应为30~50lx	《石油化工控制室设计规范》第4.5.6条		
2	控制室宜采用架空进线方式。电缆穿墙入口处宜采用专用的电缆穿墙密封模块,并满足抗爆、防火、防水、防尘要求	《石油化工控制室设计规范》第4.7.1条		

续表

序号	检查内容	检查依据	现场实际情况	检查结果
3	采用防静电活动地板时,机柜应固定在槽钢制作的支撑架上,支撑架固定在基础地面上	《石油化工控制室设计规范》第4.8.1条		
4	控制室内应设置火灾自动报警装置,并符合GB 50116的规定	《石油化工控制室设计规范》第4.9.1条		
5	控制室内应设置消防设施	《石油化工控制室设计规范》第4.9.2条		
6	所选用的DCS应当是成熟的、经过实际应用检验的系统,应便于扩展,应满足石油化工装置大规模生产的过程控制、检测、操作与管理的需要	《石油化工分散控制系统设计规范》第5.1.1条		
7	控制装置应保证,当动力源发生异常(偶然或人为地切断或变化)时,也不会造成危险。必要时,控制装置应能自动切换到备用动力源和备用设备系统	《生产设备安全卫生总则》第5.6.1.1条		
8	控制系统的调节装置应采用自动联锁装置,以防止误操作和自动调节、自动操纵线(管)路等的误通断	《生产设备安全卫生总则》第5.6.1.7条		
9	线路应按最短路径集中敷设,并应横平竖直、整齐美观,不宜交叉。敷设线路室,线路不应受到损伤	《自动化仪表工程施工及质量验收规范》第7.1.3条		
10	电缆导管不得有变形或裂缝,其内部应清洁、无毛刺,管口应光滑、无锐边	《自动化仪表工程施工及质量验收规范》第7.4.1条		

表12 消防设施单元安全检查表

序号	检查内容	检查依据	现场实际情况	检查结果
1	大中型石油化工企业应设消防站。消防站的规模应根据石油化工企业的规模、火灾危险性、固定消防设施的设置情况,以及邻近单位消防协作条件等因素确定	《石油化工企业设计防火规范》第8.2.1条		
2	消防站的位置,应符合下列规定: 1. 消防站的服务范围应按行车路程计,行车路程不宜大于2.5km,并且接火警后消防车到达火场的时间不宜超过5min; 2. 应便于消防车迅速通往工艺装置区和罐区; 3. 宜避开工厂主要人流道路; 4. 宜远离噪声场所; 5. 宜位于生产区全年最小频率风向的下风侧	《石油化工企业设计防火规范》第4.2.10条		
3	工厂水源直接供给不能满足消防用水量、水压和火灾延续时间内消防用水总量要求时,应建消防水池(罐),并应符合下列规定: 1. 水池(罐)的容量,应满足火灾延续时间内消防用水总量的要求。当发生火灾能保证向水池(罐)连续补水时,其容量可减去火灾延续时间内的补充水量; 2. 水池(罐)的总容量大于1000m³时,应分隔成两个,并设带切断阀的连通管; 3. 水池(罐)的补水时间,不宜超过48h; 4. 当消防水池(罐)与生活或生产水池(罐)合建时,应有消防用水不作他用的措施; 5. 寒冷地区应设防冻措施; 6. 消防水池(罐)应设液位检测、高低液位报警及自动补水设施	《石油化工企业设计防火规范》第8.3.2条		
4	消防水泵、稳压泵应分别设置备用泵;备用泵的能力不得小于最大一台泵的能力	《石油化工企业设计防火规范》第8.3.6条。		
5	消防水泵应设双动力源;当采用柴油机作业动力源时,柴油机的油料储备量应能满足机组连续运转6h的要求	《石油化工企业设计防火规范》第8.3.8条。		

序号	检查内容	检查依据	现场实际情况	检查结果
6	工艺装置的消防用水量应根据其规模、火灾危险类别及消防设施的设置情况等综合考虑确定。火灾延续供水时间不应小于 3h	《石油化工企业设计防火规范》第 8.4.3 条。		
7	大型石油化工企业的工艺装置区、罐区等，应设独立的稳高压消防给水系统，其压力宜为 0.7~1.2MPa。其他场所采用低压消防给水系统时，其压力应确保灭火时最不利点消火栓的水压不低于 0.15MPa。消防给水系统不应与循环冷却水系统合并，且不应用于其他用途	《石油化工企业设计防火规范》第 8.5.1 条。		
8	消防给水管道应环状布置，并应符合下列规定： 1. 环状管道的进水管不应小于 2 条； 2. 环状管道应用阀门分成若干独立管段，每段消火栓的数量不宜超过 5 个； 3. 当某个环段发生事故时，独立的消防给水管道的其余环段应能满足 100% 的消防用水量的要求	《石油化工企业设计防火规范》第 8.5.2 条。		
9	消火栓的设置应符合下列规定： 1. 宜选用地上式消火栓； 2. 消火栓宜沿道路敷设； 3. 消火栓距路面边不宜大于 5m；距建筑物外墙不宜小于 5m； 4. 地上式消火栓距城市型道路路边不宜小于 1.0m；距公路型双车道路肩边不宜小于 1.0m； 5. 地上式消火栓的大口径出水口应面向道路。当其设置场所有可能受到车辆冲撞时，应在其周围设置防护设施； 6. 地下式消火栓应有明显标志	《石油化工企业设计防火规范》第 8.5.5 条		
10	罐区及工艺装置区的消火栓应在其四周道路边设置，消火栓的间距不宜超过 60m。当设有消防道路时，应在道路边设置消火栓	《石油化工企业设计防火规范》第 8.5.7 条		
11	甲、乙类可燃气体、可燃液体设备的高大构架和设备群应设置水炮保护，其设置位置距保护对象不宜小于 15m	《石油化工企业设计防火规范》第 8.6.1 条		
12	固定式水炮的布置应根据水炮的设计流量和有效射程确定其保护范围。消防水炮距被保护对象不宜小于 15m。消防水炮的出水量宜为 30~50L/s，水炮应具有直流和水雾两种喷射方式	《石油化工企业设计防火规范》第 8.6.2 条		
13	工艺装置内的甲、乙类设备的构架平台高出其所处地面 15m 时，宜沿梯子敷设半固定式消防给水竖管，并应符合下列规定： 1. 按各层需要设置带阀门的管牙接口； 2. 平台面积小于或等于 50m² 时，管径不宜小于 80mm；大于 50m² 时，管径不宜小于 100mm； 3. 构架平台长度大于 25m 时，宜在另一侧梯子处增设消防给水竖管，且消防给水竖管的间距不宜大于 50m	《石油化工企业设计防火规范》第 8.6.5 条		
14	可能发生可燃液体火灾的场所宜采用低倍数泡沫灭火系统	《石油化工企业设计防火规范》第 8.7.1 条		
15	生产区内宜设置干粉型或泡沫型灭火器，控制室、机柜间、计算机室、电信站、化验室等宜设置气体型灭火器	《石油化工企业设计防火规范》第 8.9.1 条		

续表

序号	检查内容	检查依据	现场实际情况	检查结果
16	可燃气体、液化烃和可燃液体的地上罐组宜按防火堤内面积每 400m² 配置 1 个手提式灭火器,但每个储罐配置的数量不宜超过 3 个	《石油化工企业设计防火规范》第 8.9.5 条		
17	甲、乙类厂房(仓库)、高层厂房及高架仓库的室内消火栓间距不应超过 30m,其他建筑物的室内消火栓距不应超过 50m	《石油化工企业设计防火规范》第 8.11.2 条第 2 款		
18	石油化工企业的生产区、公用及辅助生产设施、全厂性重要设施和区域性重要设施的火灾危险场所应设置火灾自动报警系统和火灾电话报警	《石油化工企业设计防火规范》第 8.12.1 条		
19	火灾电话报警的设计应符合下列规定: 1. 消防站应设置可受理不少于两处同时报警的火灾受警录音电话,且应设置无线通信设备; 2. 在生产调度中心、消防水泵站、中央控制室、总变配电所等重要场所应设置与消防站直通的专用电话	《石油化工企业设计防火规范》第 8.12.2 条		
20	甲、乙类装置区周围和罐组四周道路边应设置手动火灾报警按钮,其间距不宜大于 100m	《石油化工企业设计防火规范》第 8.12.4 条		
21	工厂、仓库区内应设置消防车道。 高层厂房,占地面积大于 3000m² 的甲、乙、丙类厂房或占地面积大于 1500m² 的乙、丙类仓库,应设置环形消防车道,确有困难时,应沿建筑物的两个长边设置消防车道	《建筑设计防火规范》第 7.1.3 条		
22	消防车道的净宽度和净空高度均不应小于 4.0m。转弯半径应满足消防车转弯的要求。消防车道与建筑之间不应设置妨碍消防车操作的树木、架空管线等障碍物	《建筑设计防火规范》第 7.1.8 条		

表 13　特种设备单元安全检查表

序号	检查内容	检查依据	现场实际情况	检查结果
一	锅炉			
1	有机热载体产品的最高允许使用温度应当依据其热稳定性确定,其热稳定性应当按照《有机热载体热稳定性测定法》(GB/T 23800)规定的方法测定。 有机热载体产品质量应当符合《有机热载体》(GB 23971)的规定,并且通过产品型式试验,型式试验按照《锅炉水(介)质处理监督管理规则》(TSG G5001)的要求进行	《锅炉安全技术监察规程》第 11.1.1 条		
2	火焰加热锅炉的炉管布置应当使锅炉内有机热载体受热均匀,不应当出现火焰直接与受热面接触的现象	《锅炉安全技术监察规程》第 11.2.3 条		
3	1. 整装出厂的锅炉、锅炉部件和现场组(安)装完成后的锅炉,应当按照 1.5 倍的工作压力进行液压(或者按照设计规定进行气压)试验,采用液压试验的气相锅炉还应当按照工作压力进行气密性试验; 2. 锅炉的气压试验和气密性试验应当符合《固定式压力容器安全技术监察规程》的有关技术要求; 3. 液压试验应当采用有机热载体或水为试验介质,气压(密)试验所用气体应当为干燥、洁净的空气、氮气或者其他惰性气体;采用有机热载体为试验介质时,液压试验前应当先进行气密性试验;采用水为试验介质时,水压试验完成后应当将设备中的水排净,并且使用压缩空气将内部吹干	《锅炉安全技术监察规程》第 11.2.7 条		

续表

序号	检查内容	检查依据	现场实际情况	检查结果
4	锅炉进出口以及系统的闪蒸罐、冷凝液罐、膨胀罐和储罐上应当装设有机热载体温度测量装置。	《锅炉安全技术监察规程》第11.3.5条		
5	锅炉和系统的安全保护装置应当根据其供热能力、有机热载体种类、燃料种类和操作条件的不同，按照保证安全运行的原则设置	《锅炉安全技术监察规程》第11.3.6.1条		
6	辅助设备及系统的设计、制造、安装和操作，应当避免和防止系统中有机热载体发生超温、氧化、污染和泄漏	《锅炉安全技术监察规程》第11.4.1条		
7	系统内的受压元件、管道及其附件所用材料应当满足最高工作温度的要求，并且不应当采用铸铁或者有色金属制造	《锅炉安全技术监察规程》第11.4.3条		
二	压力容器			
8	特种设备使用单位，应当严格执行本条例和有关安全生产的法律、行政法规的规定，保证特种设备的安全使用	《特种设备安全监察条例》第二十三条		
9	特种设备在投入使用前或者投入使用后 30 日内，特种设备使用单位应当向直辖市或者设区的市的特种设备安全监督管理部门登记。登记标志应当置于或者附着于该特种设备的显著位置	《特种设备安全监察条例》第二十五条		
10	使用单位的义务：压力容器使用单位应按照《特种设备使用管理规则》的有关要求，对压力容器进行使用安全管理，设置安全管理机构，配备安全管理负责人、安全管理人员和作业人员，办理使用登记，建立各项安全管理制度，制定操作规程，并且进行检查	《固定式压力容器安全技术监察规程》第7.1.1条		
11	压力容器的安全管理：1. 压力容器的安全管理制度是否齐全有效；2. 本规程规定的设计文件、竣工图样、产品合格证、产品质量证明书、安装及使用维护保养说明等资料是否完整	《固定式压力容器安全技术监察规程》第7.2.1条		
12	压力容器操作规程：压力容器的使用单位，应当在工艺操作规程和岗位操作规程中，明确提出压力容器安全操作要求，操作规程至少包括以下内容：1. 操作工艺参数（含工作压力、最高或最低工作温度）；2. 岗位操作法（含开、停车的操作程序和注意事项）；3. 运行中重点检查的项目和部位，运行中可能出现的异常现象和防止措施，以及紧急情况的处理和报告程序	《固定式压力容器安全技术监察规程》第7.1.3条		
13	压力容器作业人员是否持证上岗	《固定式压力容器安全技术监察规程》第7.2.1条		
14	安全阀每年至少检查一次	《固定式压力容器安全技术监察规程》第7.2.3.1.3.1条		
15	压力表的定期检修维护、检定有效期及其封签是否符合规定	《固定式压力容器安全技术监察规程》第7.2.3.4.1条		

续表

序号	检查内容	检查依据	现场实际情况	检查结果
三	压力管道			
16	管道使用单位应当建立管道安全技术档案并且妥善保管。管道安全技术档案应当包括以下内容： 1.管道元件产品质量证明、管道设计文件（包括平面布置图、轴测图等图纸）、管道安装质量证明、安装技术文件和资料、安装质量监督检验证书、使用维护说明等文件； 2.管道定期检验和定期自行检查的记录； 3.管道日常使用状况记录； 4.管道安全保护装置、测量调控装置以及相关附属仪器仪表的日常维护保养记录； 5.管道运行故障和事故记录	《压力管道安全技术监察规程—工业管道》第九十九条		
17	使用单位应当对管道操作人员进行管道安全教育和培训，保证其具备必要的管道安全作业知识。 管道操作人员应当在取得《特种设备作业人员证》后，方可从事管道的操作工作	《压力管道安全技术监察规程—工业管道》第一百零二条		
18	管道使用单位，应当按照《压力管道使用登记管理规则》的要求，办理管道使用登记，登记标志置于或者附着于管道的显著位置	《压力管道安全技术监察规程—工业管道》第一百零四条		
19	管道定期检验分为在线检验和全面检验。 在线检验是在运行条件下对在用管道进行的检验，在线检验每年至少1次（也可称为年度检验）；全面检验是按一定的检验周期在管道停车期间进行的较为全面的检验。 GC1、GC2级压力管道的全面检验周期按照以下原则之一确定： 1.检验周期一般不超过6年； 2.按照基于风险检验（RBI）的结果确定的检验周期，一般不超过9年； 3.GC3级管道的全面检验周期一般不超过9年	《压力管道安全技术监察规程—工业管道》第一百一十六条		
四	起重机械			
20	起重机械在投入使用前或者投入使用后30日内，使用单位应当按照规定到登记部门办理使用登记	《起重机械安全监察规定》第十七条		
21	建立健全相应的起重机械使用安全管理制度	《起重机械安全监察规定》第二十条（二）		
22	对起重机械作业人员进行安全技术培训，保证其掌握操作技能和预防事故的知识，增强安全意识	《起重机械安全监察规定》第二十条（四）		
23	起重机械的主要受力结构件、安全附件、安全保护装置、运行机构、控制系统等进行日常维护保养，并做出记录	《起重机械安全监察规定》第二十条（五）		
24	使用单位应当建立起重机械安全技术档案。起重机械安全技术档案应当包括以下内容： 1.设计文件、产品质量合格证明、监督检验证明、安装技术文件和资料、使用和维护说明； 2.安全保护装置的型式试验合格证明； 3.定期检验报告和定期自行检查的记录； 4.日常使用状况记录； 5.日常维护保养记录； 6.运行故障和事故记录； 7.使用登记证明	《起重机械安全监察规定》第二十一条		

表 14　危险化学品重大危险源（罐区）安全管理及安全设施单元安全检查表

序号	检查内容	检查依据	现场实际情况	检查结果
1	危险化学品单位应当根据构成重大危险源的危险化学品种类、数量、生产、使用工艺(方式)或者相关设备、设施等实际情况,按照下列要求建立健全安全监测监控体系,完善控制措施: 　1. 重大危险源配备温度、压力、液位、流量、组分等信息的不间断采集和监测系统以及可燃气体和有毒有害气体泄漏检测报警装置,并具备信息远传、连续记录、事故预警、信息存储等功能;一级或者二级重大危险源,具备紧急停车功能。记录的电子数据的保存时间不少于 30 天; 　2. 重大危险源的化工生产装置装备满足安全生产要求的自动化控制系统;一级或者二级重大危险源,装备紧急停车系统; 　3. 对重大危险源中的毒性气体、剧毒液体和易燃气体等重点设施,设置紧急切断装置;毒性气体的设施,设置泄漏物紧急处置装置。涉及毒性气体、液化气体、剧毒液体的一级或者二级重大危险源,配备独立的安全仪表系统(SIS); 　4. 重大危险源中储存剧毒物质的场所或者设施,设置视频监控系统; 　5. 安全监测监控系统符合国家标准或者行业标准的规定	《危险化学品重大危险源监督管理暂行规定》第十三条		
2	充分考虑生产过程复杂的工艺安全因素、物料危险特性、被保护对象的事故特殊性、事故联锁反应以及环境影响等问题,根据工程危险及有害因素分析完成安全分析和系统设计	《危险化学品重大危险源安全监控通用技术规范》第 4.1 条(a)款		
3	通过计算机、通信、控制与信息处理技术的有机结合,建设现场数据采集与监控网络,实时监控与安全相关的监测预警参数,实现不同生产单元或区域、不同安全监控设备的信息融合,并通过人机友好的交互界面提供可视化、图形化的监控平台	《危险化学品重大危险源安全监控通用技术规范》第 4.1 条(b)款		
4	通过对现场采集的监控数据和信息的分析处理,完成故障诊断和事故预警,及时发现异常,为操作人员进行现场故障的排除和应急处置提供指导	《危险化学品重大危险源安全监控通用技术规范》第 4.1 条(c)款		
5	安全监控预警系统应有与企业级各类安全管理系统及政府各类安全监管系统进行联网预警的接口及网络发布和通信联网功能	《危险化学品重大危险源安全监控通用技术规范》第 4.1 条(d)款		
6	根据现场情况和监控对象的特性,合理选择、设计、安装、调试和维护监控设备和设施	《危险化学品重大危险源安全监控通用技术规范》第 4.1 条(e)款		
7	重大危险源(储罐区、库区和生产场所)应设有相对独立的安全监控预警系统,相关现场探测仪器的数据宜直接接入到系统控制设备中,系统应符合本标准的规定	《危险化学品重大危险源安全监控通用技术规范》第 4.2 条(a)款		
8	系统所用设备应符合现场和环境的具体要求,具有相应的功能和使用寿命。在火灾和爆炸危险场所设置的设备,应符合国家有关防爆、防雷、防静电等标准和规范的要求	《危险化学品重大危险源安全监控通用技术规范》第 4.2 条(c)款		
9	控制设备应设置在有人值班的房间或安全场所	《危险化学品重大危险源安全监控通用技术规范》第 4.2 条(d)款		

序号	检查内容	检查依据	现场实际情况	检查结果
10	对于储罐区(储罐)、库区(库)、生产场所三类重大危险源,因监控对象不同,所需要的安全监控预警参数有所不同。主要可分为: 1. 储罐以及生产装置内的温度、压力、液位、流量、阀位等可能直接引发安全事故的关键工艺参数; 2. 当易燃易爆及有毒物质为气态、液态或气液两相时,应监测现场的可燃/有毒气体浓度; 3. 气温、湿度、风速、风向等环境参数; 4. 音视频信号和人员出入情况; 5. 明火和烟气; 6. 避雷针、防静电装置的接地电阻以及供电状况	《危险化学品重大危险源安全监控通用技术规范》第4.5.1条		
11	罐区监测预警项目主要根据储罐的结构和材料、储存介质特性以及罐区环境条件等的不同进行选择。一般包括罐内介质的液位、温度、压力、罐区内可燃/有毒气体浓度、明火、环境参数以及音视频信号和其他危险因素等	《危险化学品重大危险源安全监控通用技术规范》第4.5.2条		
12	联锁控制装备的设置要求: 1. 可根据实际情况设置储罐的温度、液位、压力以及环境温度等参数的联锁自动控制装备,包括物料的自动切断或转移以及喷淋降温装备等。 2. 紧急切换装置应同时考虑对上下游装置安全生产的影响,并实现与上下游装置的报警通信、延迟执行功能。必要时,应同时设置紧急泄压或物料回收设施。 3. 原则上,自动控制装备应同时设置就地手动控制装置或手动遥控装置备用。就地手动控制装置应能在事故状态下安全操作。 4. 不能或不需要实现自动控制的参数,可根据储罐的实际情况设置必要的监测报警仪器,同时设置相关的手动控制装置。 5. 安全控制装备应符合相关产品的技术质量要求和使用场所的防爆等级要求	《危险化学品重大危险源罐区现场安全监控装备设置规范》第5条		
13	有防爆要求的罐区,应根据所存储的物料进行危险区域的划分,并选择相应防爆类型的仪表	《危险化学品重大危险源罐区现场安全监控装备设置规范》第6.1.1.3条		
14	测压仪表的安装及使用时应注意: 1. 仪表应垂直于水平面安装; 2. 仪表测定点与仪表安装处在同一水平位置,要考虑附加高度误差的修正; 3. 仪表安装处与测定点之间的距离应尽量短; 4. 保证密封性,应进行泄漏测试,不应有泄漏现象出现,尤其是易燃易爆和有毒有害介质	《危险化学品重大危险源罐区现场安全监控装备设置规范》第6.2.11条		
15	液位监控装备的设置: 1. 储罐应设置液位监测器,应具备高低位液位报警功能。 2. 新建储罐区宜优先采用雷达等非接触式液位计及磁致伸缩、光纤液位计。 3. 监测和报警精度:≤±5%。有计量功能的,应执行相关规范中的高精度规定	《危险化学品重大危险源罐区现场安全监控装备设置规范》第6.3条		

序号	检查内容	检查依据	现场实际情况	检查结果
16	泄漏控制装备的设置： 1. 配备检漏、防漏和堵漏装备和工具器材,泄漏报警时,可及时控制泄漏。 2. 针对罐区物料的种类和性质,配备相应的个体防护用品,泄漏时用于应急防护。 3. 罐区应设置物料的应急排放设备和场所,以备应急使用。 4. 封闭场所宜设置排风机,并与监测报警仪联网,自动控制空气中有害气体含量。排风机规格和安装地点视现场情况而定	《危险化学品重大危险源罐区现场安全监控装备设置规范》第 7.6 条		
17	传输电缆的保护措施： 1. 电缆明敷设时,应选用钢管加以保护,所用保护管应与相关仪表设备等妥善连接,电缆的连接处需安装防爆接线盒。 2. 如选用钢带铠装电缆埋地敷设时,可不加防护措施,但应遵照电缆埋地敷设的有关规定进行操作	《危险化学品重大危险源罐区现场安全监控装备设置规范》(第 11.2.1 条和第 11.2.2 条)		
18	接地保护措施： 1. 罐区应设置防止雷电、静电的接地保护系统,接地保护系统应符合 GB 12158 等标准的要求。 2. 安全接地的接地体应设置在非爆炸危险场所,接地干线与接地体的连接点应有两处以上,安全接地电阻应小于 4Ω。 3. 进入爆炸危险场所的电缆金属外皮或其屏蔽层,应在控制室一端接地,且只允许一端接地。 4. 本质安全电路除安全栅外,原则上不得接地,有特殊要求的按说明书规定执行	《危险化学品重大危险源罐区现场安全监控装备设置规范》第 11.4.1~11.4.4 条		
19	安全监控装备的可靠性保障： 1. 按照相关标准规范的规定,正确设置和施工,避免设置和施工的不规范而造成故障。 2. 在设置时,应考虑安全监控系统的故障诊断和报警功能。 3. 对于重要的监控仪器设备,应有"冗余"设置,以便在监控仪器设备出现故障时,及时切换。 4. 在设置安全监控装备时,要充分考虑仪器设备的安装使用环境和条件,为正确选型提供依据。 5. 对于环境空气中有害物质的自动监测报警仪器,要求正确设置监测报警点的数量和位置。对现场裸露的监控仪器设备采取防水、防尘和抗干扰措施	《危险化学品重大危险源罐区现场安全监控装备设置规范》第 12.1.1~12.1.5 条		
20	安全监控装备的检查和维护： 1. 安全监控装备,应定期进行检查、维护和校验,保持其正常运行。 2. 强制计量检定的仪器和装置,应按有关标准的规定进行计量检定,保持其监控的准确性。 3. 安全监控项目中,对需要定期更换的仪器或设备应根据相关规定处理	《危险化学品重大危险源罐区现场安全监控装备设置规范》第 12.2.1~12.2.3 条		

续表

序号	检查内容	检查依据	现场实际情况	检查结果
21	安全监控装备的日常管理： 1. 安全监控项目应建立档案，内容包括：监控对象和监控点所在位置，监控方案及其主要装备的名称，监控装备运行和维修记录。 2. 在安全监控点宜设立醒目的标志。安全监控设备的表面宜涂醒目漆色，包括接线盒与电缆，易于与其他设备区分，利于管理维护。 3. 安全监控装备应分类管理，并根据类级别制定相应的管理方案。 4. 建立安全监控装备的管理责任制，明确各级管理人员、仪器的维护人员及其责任	《危险化学品重大危险源罐区现场安全监控装备设置规范》第12.3.1～12.3.4条		

参 考 文 献

［1］ 于淑兰等. 化工安全与环保. 北京：中国劳动社会保障出版社，2013.
［2］ 朱建军等. 化工安全与环保. 第 2 版. 北京：北京大学出版社，2015.
［3］ 齐向阳等. 化工安全与环保技术. 北京：化学工业出版社，2016.
［4］ 温路新等. 化工安全与环保. 北京：科学出版社有限责任公司，2017.